LAB RATS

HOW SILICON VALLEY MADE WORK MISERABLE FOR THE REST OF US

失控企業下的白老鼠

勞工如何落入血汗低薪的陷阱？

丹・萊昂斯 著

朱崇旻 譯

各界讚譽

作者清楚點出巧取豪奪的資本家是如何介入科技新創圈，造成各地獨角獸的亂象，而世界各地的企業，正在不自覺地迅速複製並擴大那些致命的謬誤。看完這份精湛的著作，讓我更確定的是，如果企業家想要建構一個偉大的企業，想改變世界，想讓世界變得更好，先要從善待自己的員工開始。

——程九如｜AppWorks合夥人

身處新創生態系前沿，我曾經相信變革才能創造偉業。但多次創業與投資的經歷，讓我發現團隊穩定性與向心力的重要。管理科學與精實創業固然創造了新典範，但也帶來新的困境。這本書讓我深思，穩定與安全感是否必然造成企業衰退，而一味追求績效也可能帶來長期的後遺症。在消費者、企業股東、員工與經理人的各種衝突身分間，我們如何自處並追求更好的可能，本書雖然沒有給予答案，卻將問題根源清楚交代，也指引出值得參考的方向。

——詹益鑑｜加州柏克萊大學訪問學者、AppWorks共同創辦人暨前合夥人

近年來，許多創業故事以「新創」的姿態，在資本主場中主演以新經濟為名的華麗大戲，雖然不乏讓人感人肺腑的故事橋段，但我們亦可從許多轉折中察覺那不可一世的氣勢，掩飾了無新意，甚至只是一場騙局的真實劇碼。然而，在創業者孤注一擲、創投者任性揮霍的故事劇本中，被犧牲的往往是淪為實驗白老鼠的受僱勞工，身陷不安全就業環境任人擺布，「功德無量」！在失控的新經濟迷思中，也許我們應該反省如何以永續為核心，提出有利於企業、員工和社會的新商業模式。而這本書提供了許多具體的線索。

——**孫友聯｜臺灣勞工陣線祕書長**

資訊科技不斷強化企業管理者的管理能力，卻讓許多工作者淪為實驗室裡的白老鼠，更加被嚴密監控。作者以懇切且富幽默感的筆觸，深刻分析美國企業金錢至上的管理邏輯，加上缺乏保障的工作契約、難以掌控的組織變動，以及把人當成工具的企業文化，如何對基層工作者的身心健康與人性尊嚴帶來傷害。不過，在令人憂心的發展趨勢下，仍有改變的可能。作者樂觀闡述各種在地行動，試圖讓企業重視公平正義與人性，讓工作重新獲得意義與價值。本書以美國矽谷地區的企業管理狀況為主軸，但對於科技產業密集、資訊科技快速發展且過勞問題嚴重的臺灣職場而言，亦深具啟發性。

——**鄭雅文｜臺大公共衛生學系系主任、健康政策與管理研究所教授**

沒有工廠想被稱為血汗工廠，但資本主義的制度使然，為了追求企業成長，以滿足投資人的股價翻倍欲望，這樣的資本制度也造就了失控的企業。市場的供需終有平衡的一刻，當需求飽和或是趨緩，這時候，能夠讓企業利潤快速提升的方法就是從員工身上省錢了。

所以這本書將為你揭露史上最大的企業管理騙局，假企業福利之名，透過免費咖啡、免費零食以及各種打卡、監視器數據，進行員工行為績效管理。

企業該如何改變制度、員工該如何識破騙局，這本書將為你完整解答。

——**鄭俊德｜閱讀人社群主編**

一場關於科技行業的有趣辯論……作者認為世界不應該只關注獨角獸（新創公司價值超過十億美元），而應該尋找「斑馬」，它可以帶來獲利並同時改善社會，相信許多勞工都會舉雙手贊成。

——**經濟學人（*The Economist*）**

我們沒辦法用三言兩語形容丹・萊昂斯的《失控企業下的白老鼠》。這本書幽默卻不好笑。我讀得時而噴笑，時而哭到嗆著（親身經驗，絕無虛言）。確實，萊昂斯在這本書中給予矽谷應得的大力抨擊。但是，他也在本書使用了三分之一的篇幅，為我們指出有效的改善方法——這是一種以人為本，企業優先考量員工身心健康、提供客戶有利潤的優良服務，還能讓世界變得更好的工作方法。

——湯姆・彼得斯（Tom Peters）｜《紐約時報》暢銷書《追求卓越》（*In Search of Excellence*）作者

我非常喜歡丹・萊昂斯寫的《獨角獸與牠的產地》，而在《失控企業下的白老鼠》一書中，作者更進一步檢視現代人的工作環境，點出矽谷一些詭異的員工待遇原則，以及那些原則對其他產業的勞工有何影響。作者透過這本引人入勝、發人深省、詼諧，時而又令人痛心的書，詳細描述了現代工作文化的祕辛。

——葛瑞琴・魯賓（Gretchen Rubin）｜《紐約時報》#1暢銷書作家，《過得還不錯的一年》（*The Happiness Project*）與《理想生活的起點》（*The Four Tendencies*）作者

本書的主張充滿說服力……它對蠻橫的工作文化提出了控訴。

——科克斯書評（*Kirkus Reviews*）

揭露了從矽谷滲透到其他產業的垃圾科學和令人質疑的管理策略。

——**沃頓知識**（***Knowledge@Wharton***）

生活化又啟發人心的紀錄。

——**英國《衛報》**（***The Guardian***）

獵奇又幽默地描述矽谷新創公司的黑暗面……諷刺又嚴厲的批判，一本針對當前日新月異的產業趨勢，所做的精闢又有趣的觀察報告。

——**出版者週刊**（***Publishers Weekly***）**書評**

目錄

第三部 「經典」管理學派

再次地，

我懷著全心的愛，

把這本書獻給我最好的三個朋友：

莎夏

索妮雅

和

保羅

「每個年代都有它獨特的愚行，它會在得失心、追求刺激的欲望與模仿的力量驅使下，縱身躍入某個方案、某個計畫或某個夢想。」

——查爾斯．麥凱（**Charles Mackay**）｜《異常流行幻象與群眾瘋狂》（*Extraordinary Popular Delusions and the Madness of Crowds*），一八四一年

歡迎來到我們公司！

首先，你能在這裡，是你運氣好。還有，我們不關心你，也不提供你工作保障。這不是你的「事業」，你只是來短期打工而已。我們不做員工培訓或為你規劃職涯發展。如果可以，我們會想辦法讓你成為約聘人員而不是正式員工，這樣就不必提供健保或401(k)[1]退休福利了。我們會付你盡量少的薪水。我們不在乎什麼職場多元化，所以非裔美國人和拉美裔美國人不用來應徵了。你將面對巨大的工作壓力，而且你必須在壓力大、無隱私的環境下長時間工作。我們會監聽、監視你。你的信件和聊天紀錄都逃不過我們的檢查，並用蒐集到的數據來衡量你的工作表現。我們不指望你能做得久，我們的目標是把你的可用價值榨乾，讓你筋疲力盡。你的主管可能是些不知道在幹麼的傢伙，他們可能會濫用職權——如果妳是女人，那很可能會遭到性騷擾，但是人資不會幫妳，妳敢申訴就等著被炒魷魚。對了，如果妳懷孕或過了四十歲，也會被炒魷魚。即使你工作表現得再好，一樣有可能被開除。總之，你可能莫名其妙地就被開除了。我們這裡沒有托育服務，但是有桌球桌，廚房裡有零食和啤酒，歡迎任意取用。

以下均為譯者註：

1. 401(k) 退休福利計畫，是美國延緩課稅的退休金帳戶計畫，適用於私人企業雇員。使用該計畫的雇員得以在離職前將部分薪水存入個人退休帳戶，若在退休前提領退休帳戶內的存款會被罰款，不過退休後提領可享稅收優惠。

前言——鴨子

二〇一七年六月的一個星期三早上，我在加利福尼亞州門洛公園市一間歐洲風咖啡廳，和一個女人——姑且稱她為茱莉亞（Julia），同坐在一張小咖啡桌前，我正努力地用樂高積木拼組一隻鴨子。

戶外陽光和煦，天氣溫暖宜人。現在時間接近中午，一陣微風拂來，廣場上幾張桌子上方五顏六色的遮陽傘布料隨風飄動。咖啡廳內，年輕科技業者有的抬頭盯著櫃檯上方用粉筆寫的菜單，有的坐在咖啡桌前打電腦，不知藏在何處的喇叭播送著金格・萊恩哈特（Django Reinhardt）的吉他曲。每個人都忙著做自己的事，以至於沒人注意到坐在窗邊玩塑膠積木的兩個灰髮人。

在今天之前，我和茱莉亞從未見過面。茱莉亞是個活潑、有張圓臉的五十多歲女性，她的臉上帶著會令人卸下心防的笑容，以及輕鬆愉快的笑聲。她帶著一只裝滿樂高積木的大帆布袋出現，而現在積木全散在咖啡桌上。她一面和我聊天一面玩弄積木，雙手漫不經心地將積木扣在一起又拔開。沒過多久，我在啜飲美式咖啡，吃著非常好吃的杏仁可頌的同時，也開始玩起了樂高積木。

幾年前我曾在波士頓一間矽谷風格的新創公司短暫工作過，那是個非常慘痛的經驗，有興趣的人可以去看看我的上一本著作。離開新創公司後，我開始為ＨＢＯ喜劇節目《矽谷群瞎傳》（*Silicon Valley*）編劇，而我今天又回到了那齣節目的場景——不只是故事發生的真實地點，也是一種心境——我這麼做不是為了好玩，而是為了研究調查。過去兩年來，我盡可能地訪談了許多人，以便能更加了解現代職場，以及為何現今的工作似乎讓許多人都做得很不開心。我認為，人們在工作上的不快樂與痛苦，有一部分是來自於被趕進了莫名其妙的工作坊，在那裡被灌輸了一堆關於「自我改善」、「自我轉變」等等煽情的廢話。

這就是我現在在咖啡廳裡「約會」的原因。茱莉亞的工作，就是經營我這輩子聽過最奇怪的企業工作坊，專門讓像我一樣的上班族玩樂高積木。我不是開玩笑，現在真的有樂高工作坊這回事，而且諸如茱莉亞這類的引導師都十分認真看待此事。這種方法叫做「樂高認真玩」（Lego Serious Play, LSP），像茱莉亞一樣經過授證的樂高認真玩引導師的人數以千計，包括聯合利華公司（Unilever）、嬌生公司（Johnson & Johnson）與 Google 等大公司都接受了這種訓練方法。

我第一次聽人提起樂高認真玩工作坊時，還以為那個人在開我玩笑。當時和我對話的，是個企業培訓師——我叫他愛德華（Edward）——他說：「我覺得你應該去找幾個有樂高證照的朋友聊聊。」

「什麼？」我問。

「我不是在開玩笑。」他說。愛德華堅稱樂高訓練能讓人把工作做得更好。「真的很有效。樂高是一種工具，協助人們在玩樂高的過程中，把未經過濾的想法和感受說出來。這就像被虐待的小朋友透過輔助娃娃表達想法一樣，不過你是透過樂高說話。」

我的老天爺！我閉上眼睛，想像一群可憐的吉姆和潘[2]透過樂高，對著一群新時代江湖郎中傾吐心聲。這可能是我這輩子見過最糟糕，也可能是最好的事情，或是兩個都有吧。

愛德華給了我一個人名、一組電話號碼，不久後我和住在南加州的樂高大師級培訓師之一聯繫上。他介紹我同樣住在矽谷、離我住處不遠的茱莉亞，我們於是約出來喝咖啡、玩積木。

其實我有點失望，因為我是抱著期待——事實上是有點希望——待會兒見到的會是個神經病，或者是個不擇手段的訟棍。很遺憾地，茱莉亞既不是神經病，也不是訟棍。她很聰明也很真誠，擁有工程學碩士學位，還曾經在一些不錯的公司裡寫了二十年的軟體。老實說，我挺喜歡她的，所以我不想調侃她。然而——我們現在卻坐在咖啡廳裡玩樂高。

「它能幫助人輕鬆交談。」茱莉亞說。她告訴我，這個方法是有腦科學根據的。事實上，已有許多學術研究以樂高認真玩引導方法為題，探討玩樂高和大腦皮質（cerebral cortex）、邊緣系統（limbic system）等部位的互動關係。她還表示，樂高認真玩引導方法，對於往往較為內向的軟體設計工程師而言，尤其有效，因為它創造了一個可以讓他們自由交談的「安全空間」。除此之外，她還聲稱，樂高工作坊能協助A型人格的高階主管不再那麼專橫霸道，甚至發揮觸媒作用改變整個組織。我能理解為何人力資源部門會為此瘋狂。過去，人力資源人員的最高頭銜美其名為辦公室經理，但現在很多人都取得了企業管理碩士（MBA）學位，改稱為「人力資

2. Jim Halpert、Pam Beesly，美國電視劇《我們的辦公室》（*The Office*）裡的主角。一部用拍攝紀錄片的手法，記錄一群辦公室白領日常生活的喜劇。

源總監」（Chief People Officer）。他們談論「策略性人才管理」、「推動企業轉型」，以及致力於「塑造未來的專業人才」。他們是大眾神經科學的擁護者，儘管他們多數都不知道杏仁核（amygdala）和肛門疣的差別，但任何只要是他們認為能夠重塑員工大腦迴路的事物，他們就會投身其中。「樂高認真玩」方法宣稱能改寫大腦迴路，並在聽起來很科學的研究文獻充分包裝下，使它看起來更加可信。

對我而言，這些課程聽起來像是潛能開發訓練（Erhard Seminars Training, EST）[3]與團體心理治療的混合體，還夾雜了玩具所帶來的侮辱，就像是一場清醒的噩夢。茱莉亞堅稱它不是我所想的那樣，當然，有些人一開始也跟我一樣抱持懷疑的態度，但試過之後他們很快就被說服了。

在過去幾年裡，樂高認真玩已經成為一個蓬勃發展的行業。現在可以看到有樂高認真玩顧問公司和研討會，市面也有出版相關書籍和白皮書，以及在樂高認真玩網站上發表的文章，甚至還有全球ＬＳＰ大師級培訓師聯盟（Global Federation of LSP Master Trainers）。樂高認真玩引導方法的概念，是在一九九〇年代，由瑞士兩位商管教授以心理學與教育理論的研究成果為基礎所提出，之後人們開始加入關於腦科學的理論。根據估計，經認證的引導師已有超過一萬人，曾參與樂高工作坊的人數則多達十萬。

樂高認真玩的快速成長得益於另一種企業培訓潮流——「敏捷軟體開發」（Agile）。敏捷軟體開發方法在企業界非常受歡迎，並且已經發展成近似宗教的存在。現在它本身也成了一種大型產業，同樣有研討會、顧問公司、培訓師、大師，與數千本相關書籍。由於樂高認真玩與敏捷開發背後的概念相互補，數年前有不少敏捷專案管理師開始取得樂高認真玩的認證，茱莉亞也是因此而踏入樂高認真玩這個領域。過去是電腦工程師的她，在大約十年前轉職為程式設計教練，專門教授工程師編寫程式，為此，她必須取得敏捷專案管理師證照，後來她也習得樂高引導方法這項技能。

除了以上兩種訓練方法外，茱莉亞還持有神經語言程式學（**Neuro-Linguistic Programming, NLP**）執行師證照。神經語言程式學最初是一種新時代心理治療方法，在一九七〇年代由加

3. 一九七〇年代早期的人類潛能開發訓練方法，由華納・艾哈德（Werner Erhard）所創立，是當時蔚為風潮的一種自我激勵研討課程，甚至有公司要求員工參加，以提高其生產力。但有人在參加之後精神崩潰，甚至自殺，引起諸多訴訟，最後被迫停辦。

州大學聖克魯茲分校（University of California at Santa Cruz）一些熱愛完形心理學（Gestalt）[4]的嬉皮士精神科醫師所創立。批評者稱其為偽科學，但也有人相信神經語言程式學就跟催眠一樣，可以用來控制人心。使用這套方法時，你要在語言中加入關鍵詞，觀察對象的眼球運動，並使用「錨定效應」（anchoring effect）[5]的技巧。據說諮詢專家與演說家東尼・羅賓斯（Tony Robbins）也運用過神經語言程式學的方法，而英國知名催眠師、心理魔術師達倫・布朗（Derren Brown），在《達倫・布朗的心靈控制》（*Derren Brown: Mind Control*）的節目中，只是透過語言交談就能操控對方。

茱莉亞告訴我，除了敏捷軟體開發、樂高認真玩與神經語言程式學等技能之外，她還研究過催眠術。聽她這麼說，我欣喜若狂。讀高中時，在我看過一個催眠師讓我的四個同學走上臺學雞叫之後，我就一直很想體驗催眠，想知道被催眠後會是什麼樣的感覺。

「妳可以催眠我嗎？現在可以嗎？妳可以就地讓我進入催眠狀態嗎？」

「當然可以，」她說，「其實大家是一直處於一種恍惚狀態，就像我們開車時經常出現的那種恍惚狀態。」

「好喔，」我說，「但我指的是妳對著我數『三、二、一』後，打響指，或是拿懷錶在我面前晃來晃去……的那種催眠。」

茱莉亞解釋說，她不需要做任何戲劇性的動作，只須對我說話就有催眠效果。「這就像小孩子跌倒膝蓋擦破皮了，媽媽為了安撫哭個不停的小孩，她會使用最具催眠效果的短句來安撫他。媽媽會抱抱他，然後輕聲溫柔地說：『沒事，沒事，不痛不痛。』然後小孩就真的不再感覺到疼痛，覺得痛痛真的飛走了。」

「那就是催眠嗎？」

茱莉亞點點頭。我盡量不讓自己看起來很失望。我們之間的咖啡桌很小，彼此的臉靠得很近。「沒事，沒事。」她又說了一次。她的聲音輕柔，語調令人平靜。「沒事。」她每重複一次就稍微改變一下音調。我別開視線，但她卻語音愈來愈柔和地繼續說著：「沒事，沒事。」

4. 又稱格式塔心理學，主張人腦的運作原理是整體，但整體並非各個組成部分的加總。

5. 進行決策時，人們會過度倚重先前得到的資訊，也就是第一印象，而將此片段資訊作為錨點，快速地做出決定。

「好吧！」我有點大聲地說。我很容易受他人影響，所以我怕她再這樣念個三十秒，我就要爬到桌上學雞叫了。如果我們不是坐在擠滿人的咖啡廳裡——而是在無人處單獨談話——我應該會讓她對我施行催眠術。相反地，我退縮了。「我了解了。」我對她說。我眨了幾下眼睛，彷彿這樣能擺脫這個女人施在我身上的任何巫術。

當然，我也可能早就被她催眠了。誰知道呢？說不定在我們剛坐下來閒聊時，她就已經用神經語言程式學控制我的思想了。

這時，茱莉亞拿出一個小塑膠袋，倒出六塊樂高積木：兩塊紅色、三塊黃色，還有一塊兩側有眼睛的黃色積木。

「請拼出一隻鴨子，」她說，「限時三十秒。」

＊＊＊

我坐在那裡，盯著桌上的六塊塑膠積木一會兒。腦中浮現的圖像是那種按一下會吱吱叫的浴缸黃色小鴨，就像《芝麻街》（*Sesame Street*）裡，恩尼（Ernie）最愛、還為它唱了一首主題歌的那只胖嘟嘟橡皮鴨。茱莉亞要我用這六塊方形樂高積木組成類似黃色小鴨的形狀，不知用意何在？頭部很顯然是有眼睛的那塊，那其他部位呢？那兩塊上面有六個凸起圓點的扁平紅色積木，其中一塊是要像帽子一樣戴在鴨子頭上嗎？我討厭諸如魔術方塊和數獨這類的遊戲，因為我對這類遊戲很不擅長，我從來就不知道解開這類難題的訣竅，只能一直在那裡掙扎。或者，就是直接投降，坐在那裡盯著魔術方塊，臉上表情就跟我家貓咪盯著電視看的表情一樣，好奇那些小鳥是怎麼跑進電視機裡的。

時間不多了，我緊張慌亂地開始組裝積木，而茱莉亞則是面帶困惑地安坐在那裡。她看過幾百個人、幾千個人組裝積木，當然知道怎麼拼出那隻鴨子。我很好奇在那些人當中，有多少人成功拼出鴨子？也想知道在這些人中我排名第幾？我懷疑自己是倒數前幾名。

這個積木組裝可能是某種智力測驗，如果是的話，我的分數大概會非常低。它也可能是羅夏克墨跡測驗（Rorschach test）[6]，可以測出我的人格特質。我想像著茱莉亞心想：**喔，他是那**

6. 由瑞士精神科醫生、精神病學家羅夏克（Hermann Rorschach）所創立，是一種利用墨跡圖片來測出一個人的個性特質的心理測驗，也是相當著名的投射法人格測驗。

種人啊！公司應該可以利用鴨子積木來評量員工，以去蕪存菁。善於解題的人可以獲得晉升，而像我這樣的笨蛋，則是會被列入下一輪的裁員名單中。

我焦急地嘗試新拼法，同樣徒勞無功，只好把積木拆開重來。我告訴自己，這種拼圖連小孩都能做到，而我就是做不到。

茱莉亞嘆了一口氣，我想這是三十秒到了的信號。我趕緊用四塊樂高積木隨便拼出鴨子形狀，桌上還剩兩塊積木。

「對不起，」我說，「我盡力了。」

茱莉亞拿起我的鴨子，看了看。除了只用四塊積木之外，我還把它的頭拼歪了。茱莉亞輕輕拆下頭部重新裝上，讓它的頭朝著正確的方向。

「對不起，」我結結巴巴地說，「我想我是太緊張了。我知道一定有辦法用上所有的積木，但無論如何我就是想不到該怎麼做。如果我有更多時間或許就能拼好一隻鴨子。或許啦，我不知道。」

「你怎麼會覺得一定要把六塊積木用完呢？」茱莉亞說，「我只是請你拼一隻鴨子，沒規定要用幾塊積木啊。」

她對著我微微一笑，彷彿在說：**被騙了吧！**

原來「拼鴨子」是樂高認真玩訓練中最知名的課題，它為我們上的一課是：每個人做出來的鴨子都不一樣。樂高鴨子不是積木，不是腦力激盪，也不是智力測驗，而是讓你窺見自己靈魂的窗口。為什麼我會主觀認定必須把所有積木都用上？為什麼我會認為這是一道難題或智力測驗呢？我為什麼如此害怕失敗呢？雖然我不願意承認這個事實，但這個女人在不到一分鐘時間，只用六塊塑膠積木，就把我像魚一樣掏空，暴露了我的神經質。

我突然想到一個問題。

「所以照妳的說法，我把兩塊積木拼在一起，也可以算是鴨子？」

「當然可以。」她回答。

「我也可以直接把一塊積木拿給妳，說這是我做的鴨子？」

「不管你拼出什麼樣的鴨子，它就是你的鴨子。這就是你拼裝鴨子的方法。你的鴨子樣式和其他人的鴨子不一樣。更何況，這些也不是真正的鴨子，對吧？它們是鴨子的象徵，是鴨子的隱喻。」

我必須讚揚茱莉亞，問她任何問題，她都能有一套說法，而且完全無法動搖她對樂高的信仰。更重要的是，她打從心底相信自己是在幫助他人。也許她是真的有幫到人吧。很多人從上教堂做禮拜中受益，我不會去批評他們的信仰。

蔓延進工作場域的荒謬不只有樂高工作坊，許多敏捷專案管理師也會使用黏土進行研討會。還有一種遊戲，叫「六頂思考帽」（Six Thinking Hats），人們戴上不同顏色的帽子和角色扮演來解決問題。另外，還有所謂的「拋球遊戲」（Ball Point Game），參加者會分組，找出最快速有效、不浪費時間的接球方式，把網球傳到桶子裡。上 YouTube 搜尋「Ball Point Game」，就能看到心智正常的成年人在上班時間做這件事。

為什麼現在會出現這些現象？為什麼工作場所變成了幼稚園和山達基（Scientology）諮商中心的混合體？為什麼我們的辦公室現在都裝潢得像蒙特梭利幼兒園，到處是明亮的基本色彩？為什麼現在的公司都把員工當作小孩來對待？

我猜背後的原因是，公司開始恐慌了。我們生活在一個混亂的時代，全體產業逐漸式微的時期。世界經濟論壇（World Economic Forum）創始人兼執行主席克勞斯・施瓦布（Klaus Schwab）表示，我們正進入第四次工業革命（Fourth Industrial Revolution），面臨「人類未經歷過的轉變」。即使是全球規模最大、實力最強的企業也面臨了倒閉危機。大型老企業要存活下去，必須轉型，並重新編碼企業基因。這意味著它們必須換掉或改造現有員工，這就是為什麼公司欲深入我們的大腦，試圖改變我們大腦結構的原因。

然而，這些心理上的刺激對我們造成什麼影響呢？問題不僅僅是這些訓練毫無意義和愚蠢，更對大多數的員工造成莫大壓力。對於年紀較大，例如五十歲以上的員工而言，這些工作坊訓練更加劇了他們對被解僱的恐懼。年輕工作者也同樣厭惡這些活動。「感覺好像加入了一種邪教，」一名三十多歲的軟體設計工程師，在他的部門進行了一整天的樂高研討會之後這樣說，「目的似乎就是灌輸人們服從命令的思想。」

你會發現自己受到了影響，情感被操縱地沉浸在一種共同的精神錯亂和邪教的集體妄想中。你知道這些研討會毫無意義，也清楚樂高沒有改變任何人，但為了保住飯碗你不得不配合。你必須展現績效，讓管理層相信你是靈活、適應力強且樂於改變的人，是那種敬業、充滿活力，能夠滿足新經濟（**new economy**）需求的員工。基本上，公司正在進行大規模的組織行為實驗，想用你來檢驗一些理論。所以，做為員工的你們全被趕進了箱子裡，接受各種刺激研究，看看你會有什麼反應。

你的辦公室已經成了由一群江湖郎中掌控的心理學實驗室。你不是鴨子，而是白老鼠。

這次與樂高的咖啡約會，只是我一年來的探索之旅的其中一站，我想弄清楚工作環境是如何變化的，更重要的是，**為什麼**會發生變化。在這趟探索之旅中，我參加美國與歐洲的會議，並參訪了辦公家具製造商世楷（Steelcase）的總部，世楷的研究員正試圖打造更具人性化的辦公空間。我和形形色色的專家談話，包括人類學家與建築師，心理學家與社會學家，管理顧問、管理教練與管理大師，經濟學家與工程學家，醫師與多元化倡議者，律師與創業投資家，商管教授、敏捷開發專案管理師與樂高引導師，還有一個非常害怕的億萬富翁，他擔心憤怒仇富的窮人會對像他這樣的人發動暴力革命。

在這趟旅程中，我開始相信，造成勞工不快樂的主要原因是矽谷。首先，矽谷是開發新型辦公室自動化科技的大本營；此外，除了生產晶片與軟體，矽谷現在的目標是發明關於如何建立和管理公司的激進創新觀念，來重塑「公司」這個概念……不幸的是，他們的許多新觀念都非常糟糕。

我將在本書第二部分探討導致勞工不快樂的四種與科技相關的現象，也就是我所謂的「四大因素」，分別是：

金錢：我們現在所賺的錢比起上一代人少了許多。美國勞工每年被公司「盜取」的金錢高達數兆美元，而幫助企業訛詐勞工的幫凶，正是科技。我會在第六章列舉實際數據供參考。

不安全感：我們總是生活在失業的恐懼中。這是因為雇主，尤其是矽谷的雇主和勞工簽訂了「新契約」。我將在第七章說明，你的工作不再是事業的開端，而是短期的「作戰任務」。

改變：新科技、新方法、工作地點與工作方式的詭異新安排——我們被一個永遠不會一成不變的職場弄得不知所措。第八章提及的研究顯示，長期處於低程度的變化中能導致憂鬱與焦慮，這類似於我們在親友去世後或在戰爭中度日所承受的心理痛苦。

去人性化：在過去，我們人類利用科技，而現在，卻變成科技利用人類。我們被機器僱用，被機器管理，甚至被機器開除。我們被監控和評估，被時時刻刻地監督著。就如我在本書第九章所述，我們被期望變得更像機器。

好消息是，我在探索過程中，也發現了一些人抵制這些正在傷害勞工和對社會造成破壞的變革。在奧克蘭、芝加哥、紐約、波士頓，以及其他地方，有企業家創立了以員工需求為優先的公司。這些公司給予優渥薪資，有時甚至超出這個職務應有的薪資水準，並提供良好的福利，提倡工作與生活的平衡。這些公司的目標，是提供更多人良好且可持續的工作。多麼不可思議！本書第三部分收錄了它們的故事。

我寫這本書，是因為我相信我們已經走到了重要的轉捩點，是該好好做決定的時候了。

我們需要決定未來的樣貌。我們想生活在一個以科技為中心，還是以人為中心的世界？如果我們選擇繼續朝著矽谷所提出的以科技為中心的方向前進，最終將面臨更多我們現在已遭遇的問題——更多的痛苦、日益惡化的收入不平等，以及潛在的災難性後果。或者，我們可以回頭，擁抱一種新的資本主義。我們可以打造一個，給予員工尊重與尊嚴，使他們獲得努力工作所創造的財富的公平比率，以人為中心的未來。很顯然，我支持後者。

在我們思考如何擺脫困境之前，先來看看我們是如何陷入困境的。

前言———鴨子

PART ONE
MISERY IN THE MAZE

第一部——
苦痛迷宮

第一章——不快樂的天堂

二〇一三年，我五十二歲的那一年，離開了媒體產業——並非完全出於自己的意願，而這也是之後讓我踏上包括用樂高做鴨子的探索之旅的開端。更具體地說，我原本是曾經輝煌一時的《新聞週刊》（*Newsweek*）的科技新聞編輯，卻毫無預警地被解僱了。事情發生得很突然，那是六月的一個星期五早上，我接到編輯的電話，得知自己被炒了。就這樣，連資遣費都沒有。當時的媒體產業正逐漸崩壞，被解僱使我陷入了困境。在我最艱困黑暗的時刻，我很擔心自己再也找不到新工作。要真是如此，我和我的家人該怎麼辦？我和妻子有一對雙胞胎，那時他們才七歲。

在接下來的幾個月裡，我決定做一個徹底的改變，離開新聞業，重新塑造自己成為一名行銷人員。我開始投履歷到科技公司，不久後一家位於麻州劍橋市，名為 HubSpot 的新創軟體公司給了我工作機會，我滿懷希望地進入這家公司。HubSpot 的兩位創辦人都畢業於麻省理工學院，他們不僅發展出熱銷的軟體，也在做一些更具野心的事。他們捨棄了過去一百年來人們經營企業的指南，使用全新方式來經營公司。既然世界已經變了，公司也該跟著變，兩位創辦人相信他們能創造一個符合新經濟需求的現代企業。

於是，HubSpot 成了組織行為學實驗室。實驗包括僱用大學剛畢業的孩子，幾乎不給他們指示，讓他們自由發揮，以及自己想辦法解決問題。員工的平均年齡是二十六歲，每個人都活力充沛，充滿了樂觀的新想法。

新創公司該有的配備，HubSpot 辦公室一應俱全——懶骨頭沙發椅、桌球桌、一整面牆的糖果機，還有裝滿啤酒的冰箱。我們可以按自己的喜好隨時隨地工作，有一名女同事花了一年時間追著大賈斯汀（Justin Timberlake）在美國各處奔走，那一年她都在火車和飯店裡工作。我們的休假天數無上限，公司還幫我們保了高品質的醫療保險。公司的一位創辦人在辦公室建了一間午睡室，另一位創辦人則是把泰迪熊做為開會的道具。我們還進行了一些古怪的團隊建立（team-building）活動，比如「無畏星期五」（Fearless Friday），我的同事們癱在會議室裡花了一整天時間畫畫。

這個組織已經演變成一種邪教團體。老闆告訴我們，要在 HubSpot 上班比申請上哈佛大學還難。這家公司甚至發展出自己的語言，說我們都是用「超能力」「改變世界」的「搖滾巨星」和「忍者」，還說要「讓一加一等於三」，並要以近乎宗教般的熱情，盡力為客戶提供「愉越」。「愉越」是公司自創的詞，意思是透過提供超出客戶預期的服務來愉悅他們。我們不是軟體公司，而是「愉越」公司。

當然，這很愚蠢，但誰在乎呢？這份工作很輕鬆，工時也不長。我喜歡這裡彈性的工作文化、廚房裡免費的零食，還有午睡室裡的吊床。最重要的是，我是在一個不必擔心會被裁員的地方工作，並為此感到安心。HubSpot 發展得相當快，快到連他們自己幾乎都跟不上了，也因此必須不斷地招募新員工。過去十年來我一直生活在憂慮被裁員的不安全感中，在雜誌業工作，隨時都有可能被解僱。現在，我終於可以鬆一口氣了。在 HubSpot，我的工作可以受到保障。至少，我一開始是這麼想的。但幾個月後我開始明白，比起我以前待過的那幾間成長緩慢甚至衰退的雜誌社，這間快速成長的新創公司所提供的工作居然更沒保障，尤其是業務與行銷部門的人員流動率高得不可思議。

糟糕的是，公司不認為高流動率是個問題，反而引以為傲，認為是種榮譽。因為這證明了公司擁有「高績效文化」（high-performance culture），唯有最優秀的人才能在這裡生存。更奇怪的是，HubSpot 解僱員工時，不說解僱，而是稱為「畢業」了。我們會收到一封電子郵件，說某某人「畢業」了，帶著他們的「超能力」到其他地方展開新的冒險，這是「多麼棒」的事。

這真的讓人很苦惱，因為你永遠不知道什麼時候會被「畢業」。在員工充滿活力的外表下，很多人其實都是焦慮、害怕、不快樂的，而且壓力很大。以前從不曾有同事在車上打電話給我，躲進停車場哭泣、恐慌症發作。新聞編輯室一直都是個不快樂的工作場所，當新聞產業開始衰退時更是如此。但即便如此，在我的新聞職涯中，從未見過同事們如此地痛苦。

沒過多久，我發現自己也快「畢業」了。當我離開時，有種解脫的感覺。正如他們所說的，在新創的世界裡，我「不是一個很好的文化適應者」。離職前的最後幾個月，我的老闆指派我去做非常簡單、貶損人的差事，並對我說，即使是這樣的小事我也做不好；還說同事都不喜歡我，我必須挽回自己的聲譽，改善自己在同事眼裡的形象。我試著把整件事情想成是一種遊戲，但儘管如此，心理壓力還是很大。我陷入焦慮和憂鬱中，有時夜不能寐，整晚躺在床上思索自己是如何從自信、可靠、有成就的人，變成一個脆弱、畏縮、厭惡自己的廢物。有時我除了睡覺什麼事都不想做，下班一回到家，吃完晚餐就馬上去睡覺。

我堅持了將近兩年，最後帶著破碎的自尊心離開。我甚至開始相信老闆對我的看法是正確的，我根本不具備在新經濟時代中取得成功的條件。我滿懷期待地加入這家公司，被各種福利所蒙蔽，放任自己相信這些新創公司是具支持性、進步的組織，並且發明了以人為中心的工作模式。離開後，我的想法完全改觀，現代工作環境顯然比正被它們取代的老公司還要糟糕。它們是數位血汗工廠，就像是上個世紀那些環境惡劣、嚴酷的紡織廠與服裝工廠。

「畢業」後，我決定將這次親身經歷寫成一本書。過去我曾為雜誌撰寫了無數篇讚揚新經濟的相關文章，因此我想說明一下，我是如何貿然進入新經濟環境，並發現我過去所相信的大部分都錯了。我撰寫《獨角獸與牠的產地》時，並沒有把重點放在企業文化上。當時我只是想寫一本講述一個五十多歲、脾氣乖戾的記者，在一家類似邪教團體的新創科技公司行銷部，與一群充滿活力的千禧世代共事時，試圖重塑自我（但以失敗告終）的有趣回憶錄。

然而，《獨角獸與牠的產地》一出版，意想不到的事情發生了。我的收件匣不斷收到一封又一封的電子郵件，數百封充滿感情的讀者來信，他們在讀完我的回憶錄之後，迫不及待地想分享自己的故事。有很多寄件人是已「退休」的中年勞工，但也有不少是年輕人，也就是本該主宰嶄新的勞力市場、享受投杯球（beer pong）派對與使用充氣城堡的千禧世代。這些聰穎的年輕人和年紀大的勞工一樣，都對工作與經濟環境感到失望。

我每天都收到非常多的讀者來信，很多人在信中寫道《獨角獸與牠的產地》有些部分令人發噱，但也有些部分貼近他們的切身經驗。這些讀者有很多人在科技業工作，也有些是在設計公司、電信公司、廣告公司、生技公司與市場研究公司工作。而且信件來自全球各地，甚至連尚未出版《獨角獸與牠的產地》的印度、英國、法國、北歐地區與愛爾蘭，都有人寫信給我。一名伊拉克男人在摩蘇爾市的一場激戰中寄信給我，告訴我，他也曾有過摧殘靈魂的工作經驗，而讀我的書有療癒效果。

有這麼多人看我的書，並把它推薦給朋友，還特地找到我的電子信箱，和我分享他們的親身經歷，這讓我很有成就感，卻也同時讓我感到沮喪。我從郵件中一再看到這些情況：有人去應徵一項職務，正式就職後才發現要做的是別種工作；有人為了新工作，賣掉房子，舉家搬遷到另一座城市，結果不到幾個月，甚至不到幾週就被解僱了；有人開始了新工作，卻不清楚確切的工作內容，他們請教主管時，主管卻表示需要別人指導的人不適合在現代職場生存，員工應該要「自我指導」（self-directed）；有人在扁平化組織（flat organization）中工作，沒有層級和明顯結構，而這快把他們逼瘋了。

這些人在年輕、缺乏經驗、訓練不足，甚至是完全沒受過訓練的管理者底下工作。這些人的老闆告訴他們，他們的工作沒有保障，他們沒有任何權力，而且他們隨時可能沒來由地被解僱。這些人接受性格評估，參加團隊建立活動。他們暴露在洗腦術下，被強迫灌輸「文化」的觀念，並被告知他們的成功取決於他融入群體的能力，但其他人並不喜歡他。他們被告知自己失敗了，卻沒告知他們失敗的原因。

大家被要求寫問卷調查、被監視、被觀察，還有被評量。他們因年齡、種族與性別，遭受歧視與差別待遇，甚至被性騷擾。有些人被同事排擠，或者被強迫參加室內跳傘、交際舞或高空鞦韆訓練等「強制性娛樂」活動，並被要求應該要玩得很開心。一名年輕女性被開除了，因為她的老闆說她玩得「不夠興奮」。人們暴露在巨大的心理壓力下，有些人的身體開始出現問題。有些人辭職了，也有些人堅持了下來，結果還是被開除。

幾個星期以來，我都在讀這些信件。有人說自己好像產生了斯德哥爾摩症候群（Stockholm syndrome），即使知道自己該離開，但仍讓自己待在受虐的環境中。「我到現在還會作噩夢，夢到我在那裡對笨蛋證明自己不是笨蛋！」曾在青蛙設計（Frog Design）——一家位於舊金山，名氣如雷貫耳、新潮的新經濟公司——工作的碧雅翠絲（Beatrix）這樣表示。碧雅翠絲擁有工商管理碩士學位，在新創公司與跨國企業有十年的工作資歷，加入青蛙設計這間知名全球設計公司時，已經年近四十。她過去的工作都相當順利，然而開始在青蛙設計上班後，不論她怎麼做都不對。她在一封很長的電子郵件中，對我傾吐她的心聲：

（以下內容經碧雅翠絲同意摘錄）

我被老闆拉進沒有窗戶的會議室，拿給我看其他團隊成員的匿名回饋意見，上面評論著我的外表（「高傲又疏遠」）和智商（「似乎非常低」）。我的績效考核上寫著：「我不懂，她到底是不了解我們的公司文化，還是笨到了極點？」老闆叫我改善我的表現，這樣「別人就不需要寫這種話了」。最悲哀的是，我居然開始相信他們的話，認為自己真的和他們說的一樣蠢。我感到害怕、緊張兮兮，不停地哭、不由地自憐，但我始終沒有勇氣辭職，只能一直努力做下去。

不知為何，碧雅翠絲的老闆就是不肯解僱她。所以，雙方困在一種痛苦的心理戰中，碧雅翠絲試圖證明自己的價值，以贏得老闆的認可，而老闆則是一再地告訴她，她沒有達到他們的要求。除了她丈夫，她沒有告訴任何人這些事。在她朋友看來，她在全球最潮的一間公司，找到了一份最酷的工作。每當親友問起工作上的事，碧雅翠絲總是隨便敷衍一句，便趕緊轉移話題。「現實彷彿倒置了。家裡有愛我的丈夫和孩子，在我的個人生活中，無論是家人或是朋友，他們都認為我是個好母親、好太太，是個有好工作的成功人士。可是在辦公室裡，我就是格勒果・薩姆沙（Gregor Samsa）。」格勒果・薩姆沙是卡夫卡（Kafka）的《變形記》（*Metamorphosis*）裡的主角，一名旅行推銷員，有天一覺醒來，赫然發現自己變成巨大蟑螂。

碧雅翠絲的老闆喜歡從事一些古怪的活動，有天他叫所有人進會議室，要他們互相批評。他讓大家圍成一圈，側身地面向左手邊的同事背後，然後在紙上寫下一個與自己前面那個人相關的詞，然後將紙貼在那個人背上。

「你後面那個人會念出你背上的那個詞，然後進一步說明這個詞跟你的關係，」碧雅翠絲重述，「這時你只能默默站在那裡，聽你後面的人在所有同事面前列出你的罪狀、滔滔不絕地批評你，你不能回嘴辯駁，就只是聽。」

這聽起來太不可思議了，但碧雅翠絲還是在青蛙設計待了將近四年。到最後，她幾乎每天都遭受恐慌症折磨。直到現在每當她開車去舊金山第三街，只要經過青蛙設計總部附近，她還是會感到恐慌。所以她現在開車進城時，會先規劃不同的路線，完全避開青蛙設計總部所在地區。她在二〇一三年離開青蛙設計，從那之後就再也沒有工作過了。根據她的說法，她已經四十多歲了，幾乎不可能在舊金山找到工作。

很多讀者都在信中提及喜歡玩一些古怪、具操控性的心理遊戲的主管，有些人甚至相信這些主管有反社會人格。一名女性告訴我，她將近十年前的一個主管在相當短的時間內對他們公司造成難以置信的損害，到現在她和同事還有在追蹤那名前主管的動向。多年來，他們一直看著他換工作。每一個他工作過的地方，都可以聽到那名前主管惡性不改地做著同樣會把人逼瘋、情感操縱、辱罵的虐待狂行為。他就像個連續殺人犯，不斷搬到新城市尋找新的受害者。一名居住在距離我家兩千英里遠地方的男性寫信告訴我，在 HubSpot 折磨我的那名主管，十年前也用相同的手法折磨他，他寫道：「我很確定，我是那些整你的手段的測試版對象。」

三十多歲的行銷專員阿德里安（Adrian）告訴我，他到一間軟體新創公司上班的第一天，新主管就告訴他，她不喜歡他，還說全部門沒有一個人喜歡他。「每個面試你的人都覺得你很傲慢、自大，」她對阿德里安說，「我也這麼認為。」她告訴阿德里安，他們並不想用他，不過行銷部門主管不顧眾人反對，執意僱用阿德里安。「所以，你要知道，你現在必須從一個很深的洞裡開始，」主管表示，「自己想辦法爬出來，改過自新，來贏得大家的認同。」阿德里安不知道主管說的究竟是實話，還是只是在耍一種心理戰術，先打擊他的信心，再試圖讓他振作，激勵他更加努力工作。不過，一切都不重要了，最後他只在那間公司待了九個月就離職了。

紐約一對二十多歲、受過良好教育的情侶，馬丁（Martin）與琳達（Linda），每次都被新創公司的福利與看起來很有趣的公司文化所吸引，結果發現，他們又一次被推進了數位血汗工廠。他們遭上司騷擾，被迫在巨大的壓力下長時間工作，而且他們做的事情不僅毫無意義、薪水非常低，也沒有任何的升遷或發展機會。「我所有在科技公司上班的朋友都工作得很不快樂。」琳達說，「每個人都做好了隨時走人的準備。」

一名五十多歲的公關專員告訴我，他到一間員工都是年輕人的新潮公司工作，僅僅做了四個月就做不下去了。「我以前的每份工作都沒承受過這麼大的壓力，而且這份工作還影響到我的家庭。」他說。他的一位同樣壓力過大的同事表示，那間公司會讓人產生「創傷後壓力症候群」。兩人之前都在公關領域工作了數十年，身心狀態沒有任何影響，他們無法理解，為什麼到這間公司上班感覺像是被派往前線作戰？

和我一樣，這些讀者的問題不只是一份令人不快的工作，或是一個壞老闆，而是覺得自己進到了一種另類實境（alternate reality），在這個世界裡，人們毫無理由地對他們做壞事。他們敘述自己感到無助、無力、迷惘、痛苦；他們質疑自己的精神是否正常，或懷疑自己的自我價值。他們談論了「他們在那裡對我做了什麼事」。他們不是說他們辭職或被解僱了，而是說他們如何「逃離」那裡。他們是不是很像受虐倖存者，或是從邪教團體被解救出來的可憐人？

有些人和之前在新創公司上班時的我一樣，甚至幻想過自己的公司根本就不是公司，而是某種長期的心理學實驗，一種企業版的米爾格倫實驗（Milgram experiment，服從權威實驗）或史丹佛監獄實驗（Stanford prison experiment）。一九六一年在耶魯大學進行的米爾格倫實驗，研究了對權威人士的服從度。心理學家史丹利．米爾格倫（Stanley Milgram）指示受試者對隔壁房間的「學生」施予逐漸增強的電擊，有許多受試者即使聽到學生哀號、求饒和撞牆，仍然繼續施予高壓電擊。而在一九七一年的史丹佛監獄實驗，則是將二十四名大學生放入模擬監獄，一半人扮演獄卒的角色，另一半人扮演囚犯，研究人們在獲得監控他人的權力時會如何反應。不到六天，獄卒便開始對囚犯施以令人作嘔的心理虐待，實驗不得不中止。

我工作的地方可能是個心理學實驗室的想法，實際上是說得通的。這也就解釋了為何大家會如此認真投入「無畏星期五」活動，為何沒人嘲笑那個帶著泰迪熊去開會的老闆，以及為何有人「畢業」了還要假裝替他開心的這些事實。或許是一些麻省理工學院或哈佛大學的心理學家，想要研究服從與控制的極限。研究人們為了能繼續拿到工資，會願意貶低自己的人格到何種程度？犧牲多少尊嚴？會用樂高拼出一隻鴨子嗎？願意戴搞笑的帽子嗎？同事莫名其妙被解僱，會保持沉默嗎？你還可以再承受多少壓力？在員工抱怨或拒絕參與之前，他們還能容忍多少愚蠢和／或殘忍的對待？愚蠢和殘忍，看似矛盾、不可能同時出現的這兩件事，已經成為新經濟現代職場的標誌。

這就是為何我會開始認為員工是實驗室裡的白老鼠，而且其他人也注意到了同樣的事情。「工作感覺愈來愈像史金納箱了。」埃默里大學（Emory University）神經心理學家格雷戈里·柏恩斯（Gregory Berns），在《紐約時報》（*New York Times*）上一篇講述他的一項研究的文章中如此寫道。在那項研究中，柏恩斯請受試者躺在磁振造影掃描儀內，對他們的足部施予電擊，觀察恐懼如何影響人腦做決策。至於史金納箱（Skinner box），則是一九三〇年代，心理學家伯爾赫斯．弗雷德里克．史金納（**B. F. Skinner**）發明的實驗工具，是一只經過特別設計的箱子，實驗用老鼠若拉動特定的控制桿就能獲得食物，而當燈光閃爍時，預示著牠們即將受到地板上的電擊。

——新的痛苦

寫《獨角獸與牠的產地》時，我以為自己的經歷非比尋常，但現在有這麼多人告訴我，他們也經歷過類似的事情。這些經歷不僅發生在新創公司與科技業，也發生在其他產業及世界各國。自一九八〇年代起，英國與德國勞工的工作滿意度便持續下滑。而在美國，研究機構經濟諮商理事會（Conference Board）的一項研究資料顯示，對工作感到滿意的勞工比例，已從一九八七年的六一．一％降至二〇一六年的五〇．八％。經濟諮商理事會並補充道，人們的工作滿意度要回到一九八〇年代的水準「可能性不大」。蓋洛普公司（Gallup）從二〇〇〇年開始追蹤全球勞工的敬業度——也就是人們對工作充滿熱情與對公司忠誠，願為公司長期工作——結果只有一三％的勞工「非常投入」（engaged，或說積極參與）。美國的狀況要好一些，有三二％的勞工「非常投入」，但這也表示有超過三分之二的員工持置身事外、事不關己的工作態度。更糟的是，蓋洛普公司的調查數據顯示，每五個勞工就有一個人「非常不投入」（actively disengaged，無心工作），這意味著他們可能會造成負面影響，也許會到處對同事抱怨，甚至把客人嚇跑。

美國的怪獸人力網（Monster）二〇一四年的調查結果顯示，六一％的勞工表示工作壓力讓他們的身體健康出現問題，並有近半數的人因此而耽誤工作，甚至有七％的人表示他們曾因工作壓力而住院。根據史丹佛大學商學院教授傑弗瑞・菲佛（Jeffrey Pfeffer）的說法，我在新創公司所經歷的焦慮、憂鬱與瀕臨崩潰，正在成為一種新常態。菲佛引用他自己對勞工不快樂的研究資料，聲稱職場「缺少一種人性的感覺」。公司雖然為員工辦派對，提供點心、桌球桌，卻剝除了馬斯洛的需求層次理論（Maslow's hierarchy of needs）中較低層次的需求，比如工作安全。「公司雖不鼓勵，卻允許會導致員工生病、甚至死亡的管理措施，」菲佛在他二〇一七年出版的《為薪水而死》（*Dying for a Paycheck*）一書中寫道，「工作壓力……幾乎每一種工作都有逐漸惡化之勢，導致了更高的身體與心理負擔。」

我在寫回憶錄時，意識到我無意中發現了一個更大的問題。我開始閱讀關於工作壓力的研究報告，訪談該領域的學術專家。近年來，這些研究人員注意到工作場所的壓力突然升高，並試圖警示人們注意這個現象。英國樸茨茅斯大學教授蓋瑞．芮斯（Gary Rees）首次意識到這種變化，是在巴黎的一場會議上，當時他問一位執行長他最關心的問題是什麼，執行長說：「在工作場所自殺。因工作而自殺。」芮斯自己的研究也顯示，現代勞工面臨的壓力太過龐大，已經超過他們所能承受的極限。「在有些公司，自殺已經成為一種工作下的產物。」芮斯表示，「工作變得更困難，公司的要求比從前更高。公司不想關心員工的身心健康與幸福，只想僱用適應力強、抗壓性高，能埋頭苦幹堅持下去的勞工。」

二〇〇七年，心理學家米切爾．庫西（Mitchell Kusy）與伊莉莎白．霍羅威（Elizabeth Holloway）在進行關於職場霸凌與不文明行為的調查時，對於他們的發現感到震驚。首先，人們的回應率非常高（有四二％的人回應）。但更重要的是，有許多人主動加註長篇文字敘述自己遭虐的經歷。「有人不空行密密麻麻地寫了七十二頁。」霍羅威表示，「除非他們把它當作一種宣洩，否則不會有人費心這麼做。我做了三十八年的研究，這種情形真的很特殊。」

同樣值得注意的是，有九四％的研究調查對象表示，他們曾與毒人（toxic person）「共事。「這讓我們感到震驚，」庫西表示，「我們原本認為這個數字可能會接近五〇%。我們非常驚訝這個問題如此普遍，而且大部分的組織都不曉得該如何處理這個問題。既然有九四%的人受這個問題影響，理應有專門解決問題的制度存在，但並沒有。」欲詳加了解庫西與霍羅威的研究結果，請參閱他們的著作：《有毒的工作場所！管理有毒人格及其權力體系》（*Toxic Workplace! Managing Toxic Personalities and Their Systems of Power*）。

成人所遭受的職場霸凌，就和學童所遭受的校園霸凌一樣，都是個大問題，而且「顯然是一種流行病」，社會心理學家蓋瑞・納米（Gary Namie）如此表示。納米在二〇一四年進行的一項調查中，有二七%的受訪者表示曾在辦公室被霸凌，三七%的人表示他們曾親眼目睹同事被霸凌。納米表示，霸凌所致的壓力能導致各種身體疾病，甚至是大腦損傷。二〇一七

1. 即有毒的人，會造成負面影響，喜歡製造混亂、引發衝突、激怒人，讓事情複雜化，進而造成他人莫名壓力的人，這種人就是有毒。

年，美國蘭德公司（RAND Corporation）與哈佛醫學院對三千名勞工進行問卷調查，愕然發現有五分之一的人，**每個月**都會遭受言語暴力、威脅、羞辱，或不必要的性騷擾。「我沒想到比例會這麼高。」哈佛醫學院一位參與研究的醫療保健政策副教授——妮可・梅斯塔（Nicole Maestas）——表示，「對許多人而言，工作場所是個耗人心神的高壓環境。」

矛盾的是，許多承受極大壓力的人，恰恰是那些應該在資訊經濟中十分活躍的人。他們有的是程式設計師和工程師，「創意人才」和大眾傳播者，用腦子而不是雙手工作的人，專門從事（目前為止）還不能交由機器或外包給開發中國家廉價勞工的高價值工作。這些人受過良好的教育，精通網路，通常也過著講究的生活。他們做的是我們大部分人心目中的好工作，在設計酷炫、配有人體工學辦公桌、明亮的開放式辦公室裡上班，而且還提供美味的零食。這些人不是辛克萊・路易斯（Sinclair Lewis）在《屠場》（*The Jungle*）一書中被剝削的屠宰場工人，不是擠在過度擁擠的成衣工廠裡工作的裁縫工，也不是患有黑肺症的煤礦工。他們不會在嘈雜、骯髒的裝配線上埋頭苦幹，也不是做些無須動腦的機械性工作。

儘管如此，他們還是很痛苦。這是一種新形態的痛苦，一種更難形容和被看見的痛苦，因為它是屬於心理上的痛苦。可以參考下列的兩項統計數字：

・美國國家衛生統計中心（National Center for Health Statistics）的數據顯示，在過去的三十年裡，抗憂鬱藥物的使用量在美國成長了六倍。

・過去的二十年裡，美國人的自殺率飆升至歷史新高。根據國家衛生統計中心的說法，近年來自殺率上升幅度最大的群體，是四十五到六十四歲的族群，而羅伯特・伍德・詹森基金會（Robert Wood Johnson Foundation）的研究者則表示，人們自殺的主因是「對工作與個人財務的憂慮」不斷上升。

沒道理現在還會發生這種現象啊。根據瑞典經濟歷史學家與《進步》（*Progress*）一書的作者約翰・諾伯格（Johan Norberg）指出，近二十年來全球貧窮程度下降了五〇％。網路帶來了新想法的爆發，也創造了前所未有的財富。我們的日常生活感覺就像在施展魔法，只要用手指輕觸智慧型手機閃亮的玻璃螢幕，過幾分鐘就會有司機開車來接你，坐車途中，同樣地智慧型手機可以讓你上亞馬遜（Amazon）購買任何東西，並透過 Google 獲取全世界的資訊。我們的祖父母輩以前無法想像的醫療程序，現在已成為常規醫療。我們的壽命比起一百年前的人長了一點六倍，我們吃得更健康營養、有更乾淨的水與良好的教育。由於人工智慧、機械與基因學的突破，很快地世界將變得更日新月異。矽谷的技術人員立誓征服人類已知的所有疾病，有些人相信人類將在不久後戰勝死亡，得到永生。

然而，我們自殺的人數卻屢創新高，並吃下大把的快樂丸（抗憂鬱劑），只為了度過痛苦的每一天。有些人則是選擇逃避。在美國，鴉片類藥物成癮與服用過量致死的人數與比例已達流行病的程度。而在日本，有超過五十萬人（主要是年輕男性）對人生失望透頂，成為「繭居族」（引き籠もり，hikikomori），或稱隱蔽青年，這些人拒絕與社會接觸，甚至足不出戶。

我們通常會把目光焦點放在網路時代的奇蹟與不可思議，即科幻作家亞瑟·查理斯·克拉克（Arthur C. Clarke）說的，「與魔法無異」的新發明與高科技。但是，以高科技為導向的進步也有它的黑暗面，過去十年我親眼目睹那股黑暗在矽谷與舊金山展開。過去曾為中產階級樂土的區域，現在已經變成了一個類似第三世界香蕉共和國[2]的地方，一個有著極其富有的統治階級，以及人數龐大且不斷成長的下層階級，但沒有多少中間地帶的區域。舊金山，曾經是一個充滿藝術家與嬉皮的城市，擁有一個充滿活力的同志社區，但現在到處都是騎著電動滑板車四處晃、惹人厭的科技兄弟，還抱怨街友愈來愈多，他們似乎沒有意識到，正是他們——這些科技兄弟們——製造了住房危機，導致這麼多人被迫露宿街頭。「這已經不是我認識的舊金山了。」一個六十多歲的科技人告訴我，並解釋她賣掉房子、逃離舊金山的原因。問她最不喜歡舊金山哪個部分？「貪婪」，她說。

如今，那些毀了舊金山，唯利是圖、無知的科技兄弟，掌握了更多權力，並將影響力從科技產業擴大到文化領域，包括控制對工作場所的重新配置與運作方式。但是，我們的未來不應該是由這些人來創造。

2. 香蕉共和國（Banana Republic）一詞由美國作家歐·亨利首創，指被美國掌控經濟和政治影響力的第三世界產蕉國家。

第二章——新統治者

介於舊金山與聖荷西之間約五十英里長的那片土地，曾經是個非常適宜居住與工作的好地方，其中最好的一家公司——正如一九八〇年代，記者大衛·雅各布森（David Jacobson）在史丹佛大學校友雜誌中所撰述的「矽谷的黃金標準」——是惠普（Hewlett-Packard, HP）。惠普的共同創辦人威廉·惠利特（Bill Hewlett）與大衛·普克德（Dave Packard）建立了以人為中心的企業文化，稱為「惠普之道」（HP Way）。惠普採不拘形式且隨意交流的管理方式，每個人都直呼其名，工時彈性，也不需要打卡。威廉與大衛認為公司應該像個溫暖的大家庭。他們信任員工，給予員工尊重與尊嚴，並認為一家公司的存在不應該只有賺錢，或只為投資人帶來報酬。他們重視工作保障，盡量不裁員，是矽谷裡對社會有正面貢獻的優良企業公民（corporate citizens）。所有員工都有獎金可拿，並且得到分潤。管理階層所採用的「走動式管理」，在湯姆・畢德士（**Tom Peters**）研究惠普特質時引起了他的注意，並在他一九八二年出版的經典巨作《追求卓越》（*In Search of Excellence*）中，極力推崇惠普公司的這種做法。到了一九七〇年代，惠普已經是一個發展蓬勃的組織，矽谷裡（以及其他地方）的許多公司都爭相仿效它。一九七〇年代曾在惠普擔任工程師的蘋果（**Apple**）共同創辦人史蒂夫・沃茲尼克（**Steve Wozniak**），後來回憶道：「我們有深厚的同事情誼，每個人都工作得很快樂，幾乎所有人都說它是工作過最好的公司。」

一九七〇年代，矽谷加進了另一個元素：反主流文化的理想主義價值觀。「人民的力量」（**Power to the People**）是一九六〇年代的運動口號，也是一九七〇年代領導個人電腦革命者的座右銘。他們認為每個人都可以擁有自己的電腦，而不是共用由「老大哥」（**Big Brother**）[1]掌

1. Big Brother一詞來自於喬治・歐威爾的小說《1984》，後被用來暗諭當時壟斷電腦市場的「老大哥」——藍色巨人IBM。

控的大型主機。這在當時可說是非常激進的想法，對社會造成了巨大影響。沃茲尼克與蘋果的另一位創辦人史蒂夫．賈伯斯（Steve Jobs）過去是蓄長髮的嬉皮駭客，作為由一群業餘電腦愛好者組成的「家釀電腦俱樂部」（Homebrew Computer Club）成員，自製了他們的第一臺個人電腦。沃茲尼克沉浸在以人為導向的「惠普之道」中，賈伯斯則是個服用LSD[2]、混居公社的嬉皮，經常赤腳走路，並深受迷幻藥支持者、常與小說家肯．凱西（Ken Kesey）及快樂的惡作劇者（Merry Pranksters）為伍的史都華．布蘭德（Stewart Brand）影響。布蘭德創辦了《全球目錄》雜誌（*Whole Earth Catalog*），並與人共同創建了最早的網路社群之一「WELL」（Whole Earth 'Lectronic Link，全球電子連結）。其成員包括為死之華樂團（Grateful Dead）寫歌詞、與人共同創辦維護網路公民自由的組織「電子前哨基金會」（Electronic Frontier Foundation, EFF）的約翰．佩里．巴洛（John Perry Barlow）。反文化價值觀——自由、個人解放、民權、尊重個人——形塑了矽谷文化。

我第一次接觸舊時的矽谷是在一九八〇年代末期，當時我拜訪了聖塔克魯茲的一家軟體公司，那裡有許多蓄鬍、留長髮、穿著短褲與紮染上衣的工程師，在傍晚時泡在大型的紅木熱水浴桶裡喝酒、抽大麻。在那個年代，「加州公司」（california companies）就是指這種嬉皮駭客悠閒的工作態度。

但現在，泡熱水浴桶的日子已經一去不復返了，新一代科技公司已成了壓力鍋。新創運輸媒合服務公司優步（Uber）的員工抱怨工時太長、主管濫用職權，還有性騷擾問題。一名優步工程師只工作五個月就自殺了，遺孀認為這場悲劇是工作壓力所致。亞馬遜員工自陳，有時為了趕在不合理的時限內完成任務，連續數天徹夜未眠。一名被列入「績效改進計畫」（這是被解僱的第一步）的「亞馬遜機器人」（Amabot，亞馬遜員工對自己的稱呼），留下了一張紙條給同事後，跳樓自殺未遂。

科技業工作之所以改變，是因為人們變了。二〇〇一年網路經濟泡沫破裂（dotcom crash）幾年後，網路科技二度蓬勃發展，矽谷吸引了一種新型人才。科技業吸引來的不再是科技宅，而是希望能快速致富的年輕騙子，那些若出生在上一個世代，可能會在華爾街從事債券交易員

2. 學名為麥角二乙胺，一種強烈的中樞神經迷幻劑。在美國屬於一級管制藥物，在臺灣，LSD與安非他命共列為「第二級毒品」。

工作的年輕人。從前，科技之王都是發明新產品並創建公司的奇才，像是惠普的惠利特與普克德、微軟的比爾．蓋茲（Bill Gates），以及蘋果的賈伯斯與沃茲尼克。但現在，創投家也加入了權力掮客行列，包括安霍創投（Andreessen Horowitz）的馬克．安德森（Marc Andreessen）、克萊瑞姆資本管理公司（Clarium Capital）與創投公司 Founders Fund 的彼得．提爾（Peter Thiel），以及創投公司 Greylock Ventures 的合夥人雷德．霍夫曼（Reid Hoffman）。這些人並沒有實際經營科技公司，他們只是投資人。儘管如此，他們的職業依然被描述得令人嚮往，這些人也成為矽谷最知名的人物。《連線》（*WIRED*）雜誌曾將安德森列為雜誌封面人物，標題為「創造未來的人」（The Man Who Makes the Future）。現在的年輕人大學畢業後前往美國西岸，目標不再是成為下一個史蒂夫．賈伯斯，而是想成為下一個馬克．安德森。

矽谷已經變成了一個賭場，創投與天使投資人（angel investor）[3]盲目地將錢財投入角子機，希望自己能中大獎（賭徒和投資人的差別是，在角子機上走運的賭徒並不會輕易相信自己是天才）。科技業部落客寫的文章內容不再是科技，而是創業投資，以及哪家新創公司又提高了多少估值。矽谷已經沉迷在金錢堆中，而矽谷也確實到處都是錢。二〇一七年，創投家投入美國新創公司的資金達八百四十億美元——根據美國創投協會（National Venture Capital Association）的資料顯示，這個金額是一九九五年投資額的十倍。那麼，這些錢都花到哪裡去了？難道現在有十倍的想法值得投資嗎？當然不是。只是這些創投家認為必須把他們的數十億美元拿來做點什麼事，所以不斷地投資新創公司，就像在養鵝肝一樣地把它們餵肥。創業投資人艾琳・李（**Aileen Lee**）在二〇一三年用「獨角獸」一詞形容市值超過十億美元的一間私人公司，她之所以稱它為獨角獸，是因為當時這些公司猶如獨角獸一般鳳毛麟角。但到了二〇一七年，已經有將近三百家這樣的公司，到處都是獨角獸，在舊金山灣區造成了嚴重破壞。

網路經濟的第二次繁榮，造就了美國新的寡頭統治階級，這群有社交障礙、缺乏同理心的太陽王的影響力不限於商場，還擴展到了政治與整個文化領域。《浮華世界》（*Vanity Fair's*）雜誌一年一度的「全球權勢人物排行榜」（**New Establishment**），是時代精神的指標，在二〇一七年的百大排行榜上，科技大亨就占了四十人。不幸的是，這些新寡頭當中，有許多人似乎有著明顯的反勞工，甚至反人類的世界觀。

---

3. 獨立投資人或所謂的金主，在新創公司創立初期就提供創業資金的投資人，未來可以換取有價債券或所有權益，天使投資人並不會過多干預公司的營運。

這份權勢人物排行榜的第一名是亞馬遜創辦人暨執行長傑佛瑞・貝佐斯（Jeff Bezos），擁有一千四百億美元的資產（按絕對值計算，未經過通膨調整），是有史以來積累的最大財富。有些人將貝佐斯視為英雄，但他的財富是建立在倉庫工作者的辛勞上，他們在惡劣的條件下工作，並承受著巨大壓力，有時候收入少到讓他們有資格領取糧食券（food stamps）。貝佐斯在二〇一八年前去柏林領獎時，數百名他自己的德國員工也到場抗議。工會負責人對路透社（*Reuters*）表示：「亞馬遜的老闆想讓工作關係『美國化』，並把我們帶回十九世紀。」

排行榜的第二名，是臉書（Facebook）創辦人馬克・祖克柏（Mark Zuckerberg）。祖克柏的公司僱用「祕密警察」（又稱「捕鼠隊」）來監視員工，並執行《衛報》（*Guardian*）所謂「無情的保密守則」，利用法律威脅來防止員工談論「公司的工作條件、不當行為與文化挑戰」。紐約大學史登商學院（New York University Stern School of Business）教授史考特・蓋洛威（Scott Galloway）於二〇一八年對CNN新聞表示：年僅三十四歲少年得志的祖克柏創辦並經營成員超過二十億人的社群網站，現在已是全球最有權勢的人。祖克柏透過深入臉書使用者的心理與私生活，讓廣告業者與政黨操縱他們，並因此積聚了八百億美元資產。甚至臉書的一些創投家和員工也認為，這間公司已經變得愈來愈危險。早期投資臉書的矽谷創投家羅傑・麥克納米（Roger McNamee）也在二〇一八年春季的《華盛頓月刊》（*Washington Monthly*）撰文寫道，

「沒有人阻止他們對使用者進行大規模的社會學與心理學實驗」，呼籲政府與社會加強對臉書與其他網路平臺的監管。

《浮華世界》排行榜第五名，是特斯拉公司（Tesla）的執行長伊隆·馬斯克（Elon Musk）。在特斯拉工廠上班的員工曾於二〇一七年對《衛報》抱怨，他們不僅壓力極大，工作環境還十分危險，甚至有員工因過度勞累而昏倒在生產現場。優步創辦人暨執行長特拉維斯·卡蘭尼克（Travis Kalanick）及接任優步執行長的達拉·科斯羅沙希（Dara Khosrowshahi）也榜上有名，他們公司嚴重剝削司機，以致司機多次對公司提告。二〇一六年，優步提出支付一億美元的和解方案，來解決司機要求公司將他們納為正式雇員，並享有固定薪水與福利的訴訟。

剝削勞工，讓這些創投家與創業者的許多人擁有數十億美元的身價，但他們也將貧富差距擴大到了瘋狂的地步，並將香蕉共和國經濟學帶到矽谷。原本安靜清幽的洛斯阿圖斯（Los Altos）、洛斯加托斯（Los Gatos）、阿瑟頓（Atherton）與帕羅奧圖（Palo Alto）現在則是充斥著金錢，以市中心「迪士尼化」為傲，並多了好幾間外面停著保時捷、法拉利與梅賽德斯—賓士G系列汽車的米其林星級餐廳。講求安靜與速度的特斯拉轎車已經與豐田 Camry 一樣常見，而谷地旁的山丘上散布著屬於億萬富翁的龐德惡棍式（Bond-villain）大宅院。俄羅斯創投家與臉書投資人尤里·米爾納（Yuri Milner）在洛斯阿圖斯山丘，擁有一座占地兩萬五千平方英尺的法式別墅，根據新聞報導，他在二〇一一年花了一億美元買下這處房產，據說這是美國住宅用不動產有史以來的最高價。而根據《華爾街日報》（*The Wall Street Journal*）的報導，昇陽電腦公司（Sun Microsystems）共同創辦人史考特．麥克里尼（Scott McNealy）打算以將近一億美元的價格售出他在帕羅奧圖占地兩萬八千平方英尺的豪宅，這幢豪宅除了有一面攀岩牆，還有一個小舞廳。不過，和甲骨文公司（Oracle）創辦人賴瑞．艾利森（Larry Ellison）在伍賽德（Woodside）那片占地二十三英畝仿日本皇居建造的豪宅相比，簡直是小巫見大巫。這處豪宅花了九年時間才完工，據報導耗資兩億美元。其中最引人注目的日式茶道屋，是十六世紀京都皇室家族別墅茶室的複製品，比原版大一〇%，先在日本建好後，再運送至加州重組。

而非億萬富翁也可以數百萬美元買到獨棟的偽豪宅（McMansions），比如自稱「比特幣之王」的暴發戶郭宏才（Chandler Guo），在二〇一八年以五百萬美元買了一座「僻靜的托斯卡尼莊園」。至於「普通」房屋，那已經不復存在了。在二〇一八年三月，桑尼維爾（Sunnyvale）一棟僅八百四十八平方英尺（不到二十四坪）、灰暗單調的小房子，以兩百萬美元高價售出，每平方英尺要價超過兩千三百美元，這是聯賣資訊網（Multiple Listing Service）[4]中所登錄的最高單價。

從舊金山到聖荷西，房價持續飆漲，但街友人數也同樣逐年升高。看到如此多的貧窮緊鄰著如此多的財富，令人難以置信，很不真實。二〇一七年的某一天，我在Google園區和幾名Google公司的普通員工一起吃午餐，他們告訴我，雖然他們是百萬富翁，卻還是覺得自己很窮，因為和他們一起開會的其他Google員工有些擁有私人飛機、遊艇，甚至還有在夏威夷的別墅。這些Google員工似乎不知道他們周遭存在多少真實的貧窮。餐後，我沿著山景城距離Google園區兩英里遠的倫斯多夫公園（Rengstorff Park）旁的街道行走，大約有四十輛露營車頹然地停在路邊，這些露營車是負擔不起舊金山灣區房屋租金的勞工的家。嚴格來說，這些露營車算是移動式房屋，但我懷疑這些鏽跡斑斑、快要解體的舊車是否還能上路。路邊狹窄的草地上，放滿了這些家庭的家當，當我看到一部拖車的外面放著一輛兒童腳踏車時，真的很想哭。

4. 一種房源共享系統（相當於臺灣的實價登錄），當房屋仲介業者和屋主達成協議，開始銷售房屋時，房仲業者就會把該房屋的資料登錄到此系統，只要查詢此系統，就可以知道該地區的房屋市場概況。

帕羅奧圖的臉書總部附近，也湧現了類似的移動式房屋紮營。這兩個社區的居民都向警方投訴，最後警察帶著拖吊車把這些露營車拖走。聖塔克拉拉郡是全美國最富裕的郡之一，也是蘋果、臉書與Google，全球最富有的三家公司的根據地，然而聖塔克拉拉郡也有大約一萬名無家可歸的遊民，許多人住在高架橋與高速公路下的臨時帳篷或紙箱中。

蘋果、臉書與Google在二〇一七年的總市值將近兩兆美元，坐擁四千億美元現金，而Google和臉書創辦人的個人資產一共是一千七百五十億美元。曾是金融學助理教授、現為彭博社（Bloomberg）觀點專欄作家的諾亞．史密斯（Noah Smith）估計，每年花一百億美元，就能解決全美無家可歸者的問題。少數科技寡頭可以輕易介入並解決問題，然而科技公司卻一直在做完全相反的事情。多年來，科技公司一直透過空殼公司轉移利潤，並將數千億美元存在海外帳戶，從而在美國逃漏稅。只有在唐納．川普（Donald Trump）當選美國總統，減輕企業稅負時，蘋果等公司才同意將資產轉回美國。可以肯定的是，蘋果公司仍在納稅，但稅金比過去少了數百億美元。表面上，大多數矽谷寡頭對川普表示蔑視；然而，他們對於川普的減稅政策卻是心存感激。與此同時，在Google總部與蘋果耗資數十億美元打造的嶄新太空飛船園區（已正式命名為蘋果園區）周遭，人們依然睡在露營車裡，以及蜷縮在橋下與高速公路高架橋下。

二〇一七年，《衛報》刊登了一篇關於妮可（Nicole）與維克多（Victor）的報導，這對二十多歲的年輕夫妻在臉書的員工餐廳工作，由於收入微薄，使得他們和三個孩子只能住在車庫裡。還有一些人則是只租得起附有床與迷你廚房的盲窗車，充當住家。在二〇一七年，我採訪了戴利市一名專門把小貨車改裝成露營車，再將這些露營車出租的男子，他要求我不在書中透露他的姓名。剛開始做這行時，他的客人都是二十多歲的科技人，這些年輕人在Google等公司上班，由於公司提供免費食物與沐浴設施，所以他們覺得住在露營車上還可以省一些錢。然而近年來，情況開始出現讓人沮喪的轉變。如今，他露營車的出租對象主要是小家庭，那些繳不出房租被驅逐出來，以及因房價過高買不起公寓的勞工階層，最後逼不得已只好租露營車居住。「這些人只是試著把日子撐下去。」他這樣告訴我。

舊金山是諸如推特（Twitter）與優步等大型網路公司的大本營，許多科技人抱怨早上走路去上班時，他們必須跨過街友以及閃避成堆的人類排泄物。新創公司創辦人賈斯汀・凱勒（Justin Keller），在二〇一六年寫給當時舊金山市長李孟賢（Ed Lee）的公開信中，憤怒地抱怨道，「在我每天上下班的途中，都可以看到一些人躺在人行道上、帳篷城、人類排泄物，以及對酒精、毒品成癮的人，這座城市快要變成貧民窟了……有工作的有錢人獲得了在這座城市居住的權利，我不該在每天上班的路上看到無業遊民的痛苦、掙扎和絕望。」

凱勒的公開信引起眾人撻伐，並讓人回憶起二〇一三年另一個新創公司創辦人——格雷格·高普曼（Greg Gopman）——在臉書貼文抱怨：「墮落的敗類像鬣狗一樣聚集在舊金山市中心，隨地吐痰、撒尿、嘲諷你、賣毒品、鬧事，擺出一副自己就是市中心的老大的樣子。如果他們有任何一丁點價值，或許我會另眼看待，但那個牙齒掉光光、瘋瘋癲癲、看到有人接近她的紙箱就用腳踢人的老太婆，並沒有讓任何人的生活變得更好。」高普曼的貼文引起社群媒體的強烈反彈，最後他被迫離開了自己的新創公司。後來他公開道歉，並承諾幫忙處理舊金山的遊民問題。

二〇一六年，一群有錢的科技業者提出了自己的解決方案：他們發起一項允許警察強行驅逐人行道上遊民的投票提案。遊民有二十四小時的時間要不遷至收容所，要不買張車票出城離開。如果他們不配合，警方可以沒收他們的帳篷與所有物。問題是，舊金山各收容所總共只有一千九百個床位，但街友卻逾四千人。儘管如此，提案仍然通過了，舊金山警方從二〇一七年開始驅逐街友。

——艾因．蘭德與 PayPal 黑幫

二〇一八年五月的一天，加州拉古納海灘市（Laguna Beach）警方公開了一系列的車禍照片：一輛特斯拉 Model S 汽車在自駕模式下橫過道路中心線，撞上停在路邊的警用ＳＵＶ。拉古納海灘市的車禍照片，似乎完美地隱喻了宇宙的新主人正在對社會所做的事情：以進步為名，釋放了一堆不成熟的想法，並讓這些想法四處橫衝直撞，破壞了許多東西。全世界都是這些人和這些新想法的受害者，包括了他們的員工。新寡頭似乎不大關心社會，也不怎麼關心自家員工，總之不關心所有的人類就是了。這就好像，在幻想了一個機器人與人工智慧可以做任何事情的世界之後，他們開始憎恨目前仍然必須忍受這些髒亂、低等生物的這個事實。

現年四十七歲（撰寫此書時），出生於南非的特斯拉執行長伊隆．馬斯克，是許多人心目中的英雄，他們將他視為是電影《鋼鐵人》（*Iron Man*）超級英雄東尼．史塔克（Tony Stark）的真人版。然而，到目前為止，馬斯克似乎還沒證明他擅長製造汽車或賺錢。特斯拉營運了十四年，虧損了數十億美元，而且它在二〇一七年只售出十萬輛車——是豐田汽車一週銷售數量的一半。儘管如此，拜特斯拉股價飆升所賜，馬斯克的身價超過兩百億美元。然而，他對他的員

工一直都很不慷慨。根據記者艾胥黎・范思（Ashlee Vance）在二〇一五年出版的馬斯克傳記中所透露的，馬斯克曾因跟隨他十二年的女助理敢於要求加薪，而開除她。但更殘酷的，是他處理這件事情的方式。他讓助理休兩週的假，看看自己少了助理是否能如常工作，等助理休完假回來上班時，馬斯克表示自己已經不需要她了。馬斯克矢口否認有這件事。

特斯拉的工廠員工境遇更慘。美國全國勞資關係委員會（National Labor Relations Board），在二〇一七年控告特斯拉違反勞動法。同年，一名特斯拉工廠員工在部落格抱怨特斯拉的工廠薪資低、工時長，而且環境不安全。非盈利勞工權益倡導團體 WorkSafe 發布的資料顯示，在特斯拉製造工廠的工人重傷率接近行業平均值的兩倍；全美汽車工人聯合會（United Automobile Workers）聲稱，馬斯克過去曾反對員工成立工會，甚至開除支持工會的員工。在二〇一八年，凱斯・艾里森（Keith Ellison）眾議員發布一封公開信，警告馬斯克報復試圖組織工會的員工「不僅在道德上是錯誤的，而且是違法的」。特斯拉遭到許多工人的投訴與訴訟，其中包括二〇一七年三起黑人工人提出的訴訟，那些員工表示自己遭受了種族主義行為與種族歧視的言語侮辱。一份投訴痛批特斯拉的工廠是「種族主義行為的溫床」。

馬斯克賺得的第一桶金，是做為 PayPal 共同創辦人的時期，許多 PayPal 的創辦人離開 PayPal 後，又分別成立了其他成功的科技公司，或是成為創投家，這些人被稱為「PayPal 黑幫」

（PayPal Mafia）。他們當中的許多人，在一九九〇年代還在史丹佛大學念書的時候就已經認識了。而以這群 PayPal 黑幫當前的身分地位，他們對矽谷職場文化有著巨大的影響。但問題是，他們之中的有些人似乎並不友善。

曾為 PayPal 員工，現為創投家的億萬富翁寡頭凱斯．拉波斯（Keith Rabois），要求那些拿他資金的新創公司創辦人接受極端的工作狂模式——永遠都不休假。拉波斯聲稱自己連續工作十八年都沒放過假，所以別人也應該這麼做。他在一九九〇年代，還是史丹佛法學院學生時，曾因大聲辱罵同性戀者而惡名遠揚（「死娘炮！死娘炮！希望你得愛滋病死掉！等不及看你死掉，死娘炮！」）。

拉波斯的兩個朋友，彼得．提爾與大衛．沙克斯（David Sacks），也是他在史丹佛大學的同學，之前曾在 PayPal 工作，後來成為了極其富裕和有影響力的科技寡頭，兩人在一九九五年共同合著出版的《多元化迷思》（*The Diversity Myth*）一書中為拉波斯辯護。提爾和沙克斯譴責了科技園區興起的「政治正確」與多元文化主義，並表示聲稱自己遭性侵的女性，實際上可能是「事後反悔」，還擔憂「種族關係變得更加惡化」，因為「多元文化主義者常指控白人有界線模糊、難以定義的種族歧視行為，例如『制度性的種族歧視』與『無意識的種族歧視』」。提爾後來於二〇一六年為自己關於性侵的言論道歉，沙克斯也表示歉意，並對自己之前的觀點感到後悔。

二〇一四年，提爾，這個反多元化的煽動者，又出版了一本頗具爭議的書：《從0到1：打開世界運作的未知祕密，在意想不到之處發現價值》（*Zero to One: Notes on Startups, or How to Build the Future*）。我想，在提爾想打造的未來世界裡，對於多元文化的關注並不重要，從提爾在二〇一六年幫唐納．川普助選的這一事實，更加支持了這樣的想法。或許這只是巧合，但在過去二十年，隨著諸如《多元化迷思》作者提爾與沙克斯這類人物在矽谷的影響力愈來愈大，科技業也出現了許多極為惡劣的多元化問題，女性抱怨性騷擾、工作環境不友善，有色人種則抱怨他們幾乎完全不被接納。我不認為這是偶然發生的現象。

——新勞資契約

雷德．霍夫曼（Reid Hoffman）認為自己是「公共知識分子」（public intellectual），財經雜誌《企業家》（*Entrepreneur*）則稱他為「企業家的哲人王」。和馬斯克、提爾、沙克斯與拉波斯一樣，霍夫曼在 PayPal 開展了他的事業，而後又創造出更大的財富。霍夫曼在二〇〇二年創立職業社交網站 LinkedIn（領英）並擔任執行長，二〇〇六年退居執行董事長，同時開始了新的創業投資家生涯。霍夫曼現今身價逾三十億美元，也是公司和員工之間「新勞資契約」的締造者之一。

新契約明訂，基本上，企業不必對勞工忠誠，勞工也不應該期望得到任何形式的工作保障。這種契約鼓勵勞工將自己視為獨立工作者，和其他勞工競爭工作機會。人人都是創業家——霍夫曼在他的《自創思維：人生是永遠的測試版，瞬息萬變世界的新工作態度》（*The Start-up of You*）一書中如此寫道。然後又在另一本著作《聯盟世代：緊密相連世界的新工作模式》（*The Alliance: Managing Talent in a Networked Age*）中，進一步描述新契約，簡言之，他認為工作只是一項限時任務，你會在一間公司工作一兩年，然後接著做下一份工作。你可以回頭看看本書的開篇〈歡迎來到我們公司〉，那是我對所謂「新契約」的理解。

霍夫曼在如何「管理人才」方面提供了許多建議，但問題是，他實際上並沒有太多的管理經驗。無可否認的，他在 PayPal 工作過四年，也在 LinkedIn的頭四年擔任執行長，但當時它們都是規模相對較小的公司。二〇〇六年，他決定卸任 LinkedIn 執行長一職，在他成為執行董事長的同時，還另聘他人來管理 LinkedIn。根據他的說法，之所以這樣做是因為他不喜歡管理人。

「我不喜歡每週召開員工會議，」他後來在部落格中寫道，「我可以開會，但我開得很不情願，也毫無熱情。」他不想把他的時間浪費在「討論該讓哪些員工升遷」。換言之，霍夫曼並不想當管理者——他只想寫書教別人怎麼當管理者。

此外，LinkedIn 似乎也沒有獲得很好的管理。這間公司雖然成長快速，在二〇一一年上市，並在二〇一六年被微軟以兩百六十億美元收購，聽起來大獲成功。但實際上 LinkedIn 從二〇一四年開始虧錢，在被收購之前，該公司的股價已從每股兩百六十九美元的歷史最高價暴跌至每股一百零一美元，而微軟則是以每股一百九十六美元過高的溢價收購這間公司。

霍夫曼確實賺了大錢，但是從 LinkedIn 的過往業績來看，很難看出他如何管理好公司。星巴克（Starbucks）創辦人霍華．舒茲（Howard Schultz）與巴塔哥尼亞公司（Patagonia）創辦人伊方．修納（Yvon Chouinard），也著有管理公司的相關書籍，但他們都是擁有數十年實際經營公司經驗，並建立了一個永續經營、獲利且獨立的組織的長期實踐者。不管怎樣，舒茲與修納都不支持霍夫曼那種作戰任務（tour of duty）、工作是種交易的哲學。事實上，他們反而鼓勵公司投資員工、善待員工，並努力留住員工。

做為一名投資人，霍夫曼在挑選優秀投資事業上確實眼光獨到，例如他和提爾都在臉書創辦早期即投入資金。然而，身為投資人的霍夫曼並非一直都是勞工的盟友。霍夫曼是 Zynga 的投資人兼董事會成員，這是一家由他的好友、也有投資臉書的馬克・平克斯（Mark Pincus）所創立的社交遊戲公司。二〇一一年，為臉書開發諸如農場鄉村（FarmVille）等技術含量低遊戲的**Zynga**準備上市，就在它首次公開發行（Initial Public Offerings，以下簡稱IPO）前，《華爾街日報》爆料稱：平克斯一直在悄悄地迫使一些員工返還公司聘用他們時所授與的股票選擇權。平克斯說，公司太慷慨了。不配合的員工將被開除——這樣一來，他們將失去所有未生效的選擇權。所以，員工只有兩種選擇：要麼失去一點，要麼失去很多。諸如**Zynga**這樣的公司，給員工的薪資通常低於市場行情，多是利用選擇權獎勵來吸引新員工。而在**Zynga**的股票選擇權將變得更有價值之時，平克斯卻要收回員工的選擇權，這是矽谷史上最惡劣且吝嗇的反勞工行徑之一——尤其是平克斯將因IPO而成為億萬富豪。

Zynga首次公開發行股票後，平克斯與霍夫曼又做了一件引發爭議的事。**Zynga**在二〇一一年十二月完成IPO後，所有員工與管理者都必須接受閉鎖協議（lock-up agreement）的規範，六個月內不能出售所持有的股票。但根據《金融時報》（*Financial Times*）報導：「二〇一一年十二月IPO之後，**Zynga**在二〇一二年初修改了閉鎖協議，允許平克斯與身為**Zynga**董事的霍夫曼在現任與前任員工之前先行出售股票。**Zynga**的股票，在這次享有特權的二次發行後不久即暴跌。」

持股人對 Zynga 提起證券詐欺（security fraud）與違反受託義務（breach of fiduciary duty）的訴訟，他們認為平克斯與霍夫曼之所以提前出售持有股票，是因為他們知道公司的財務狀況正在惡化。經過曠日持久的法律鬥爭後，一起訴訟被駁回，另一場官司則在 Zynga 不承認有任何不當行為下，支付金錢和解。

二〇一七年，平克斯與霍夫曼為了影響民主黨的政策方向，成立了名為「#WTF」——「贏得未來」（Win the Future）——的虛擬政黨。《金融時報》指出，平克斯與霍夫曼對民主如此感興趣，實在令人「好奇」，因為他們在自己的公司裡，使用不同的股票種類來建構公司的治理結構，這讓他們即使在IPO之後仍然擁有控制權——基本上就是不必對股東或員工負責的仁慈獨裁者（benevolent dictators）。

這些人提供全世界如何在網路時代「管理人才」的建議。霍夫曼現在的事業重心主要關注在創業投資，因此他的新契約對勞工不利，卻對投資人十分有利，這是可以理解的。但問題是，一個創投家寫書教導公司如何對待員工，就像是殺人魔泰德·邦迪（Ted Bundy）給年輕女性提供約會建議一樣。不幸的是，近年來這種新勞資契約已經成為科技業，尤其是新創公司的規範。這樣的勞資契約如此糟糕且嚴重剝削，即使是當今許多科技自由意志主義者視為英雄的艾茵·蘭德（Ayn Rand）聽了，也可能會倒抽一口氣，問道：「這樣真的能行嗎？」

是的，他們就是這樣做的。我第一次見識到所謂的「作戰任務」風氣是在HubSpot，這間新創公司以「我們是一支團隊，不是一個家庭」的口號，來頌揚它高得不可思議的人員流動率，而這就像在體育運動隊裡一樣，你可能隨時會被汰換掉。我在寫《獨角獸與牠的產地》時，認為這種對待員工的方式並不常見，我把在新創公司工作的親身經歷，描述為「科技業一時的失心瘋」。幾年後，我擔心我所經歷的瘋狂可能不是一時，而是永久性的，並且不再只侷限於科技業。這種病症似乎正從它的容器溢出，傳染到世界的其他地方。

有毒換血

在舊金山有間叫安布羅斯（Ambrosia）的輸血公司，只要花八千美元就可為你的身體輸入「青少年血液」（花一萬兩千美元會有特別優惠，可以一次輸入兩公升的青少年血液）。安布羅斯公司創辦人傑西・卡爾馬津博士（Dr. Jesse Karmazin）還語出驚人地表示，年輕人的血液不僅能**延緩**老化過程，還能**扭轉**老化，讓你變得更年輕。他告訴我：「當然，你不會在一夜之間就變成二十歲的樣子，但理論上你只要接受夠多療程，變年輕是有可能的。」《麻省理工科技評論》（*MIT Technology Review*）的一篇報導中，引述了數名醫師與科學家對這種輸血療效的懷疑，認為卡爾馬津不應該提供這樣的服務。儘管如此，排隊等輸血的人還是非常多。卡爾馬津告訴我，他有個九十二歲的男性患者每個月都接受一次輸血，卡爾馬津認為那名患者可能會成為全世界最長壽的人之一。

就像那名九十多歲的老人一樣，不少老牌大公司競相湧向舊金山，希望能夠回春猶如新創公司。一些像是沃爾瑪（Walmart）與目標百貨（Target）等公司，在矽谷設立了科技實驗室與育成中心，還有一些公司派遣高級主管進行為期兩週的「矽谷之旅」（silicon safari），參訪新創公司並向它們學習。有些當地導遊還推出「創新之旅」（innovation tours），安排遊客搭乘大客車在矽谷穿梭參觀新創公司。我在二〇一七年一次到舊金山時，遇見了一群被公司派來進行兩週矽谷考察之旅的德國商人。在那當時，矽谷最熱門的獨角獸之一，Zenefits 公司，[5] 才剛將執行長帕克·康拉德（Parker Conrad）掃地出門，原因是有人指控康拉德涉及在證照考試中作弊，讓無照經紀人銷售保險，以及養成辦公室糜爛的開趴文化。（康拉德與 Zenefits 隨後就美國證券交易委員會〔Securities and Exchange Commission〕對他們誤導投資人的指控達成和解；他們支付了罰款，但既不承認也不否認有任何不法行為。）優步，最大的獨角獸，在爆發出性騷擾、從事針對競爭對手的間諜活動、監視政府監管機構等醜聞後，正要解僱其執行長卡蘭尼克。我問那些參加矽谷之旅的德國人：「你們能從這些人身上學到什麼？」他們似乎也感到困惑。

有些公司試圖透過在老公司內建立小型新創公司，僱用穿帆布鞋、不紮上衣的千禧世代散置在整個組織中，舉辦駭客松（**hackathon**）[6]活動，以及教導公司老人——用優步創辦人特拉維斯・卡蘭尼克的話來說——如何在一場「即興演奏」（**jam sesh**）中變得「熱血澎湃」（**super pumped**），並「策劃一些狗屎」，來注入一點矽谷文化。除此之外，有很多公司也追隨諸如敏捷軟體開發與精實創業（**Lean Startup**）等矽谷流行的管理方法，因為他們相信，藉由這些技術所產生的想法能讓大公司和新創公司一樣的靈活。

---

5. Zenefits 從事基於雲端的企業人力資源管理服務，其會在軟體中提供適合企業的保險方案，只要使用者透過 Zenefits 選定、簽署保險方案，Zenefits 就可以從中抽成，是他們主要的收益來源之一。

6. 由駭客（hack）和馬拉松（marathon）組成的詞，又稱黑客松、程式設計馬拉松，大致上就是幾個人聚在一起以極短時間（幾天到一週）將一個創意實作成具體的 prototype（原型）。

總的來說，他們想輸入新血，想要年輕人的血液。因為大公司已經老了，又臃腫、行動遲緩、心臟衰弱、動脈阻塞。最重要的是，他們很害怕。他們親眼目睹了其他大型老公司被矽谷淘汰，當然不希望同樣事情發生在他們自己身上。他們似乎相信矽谷裡存在神奇的靈丹妙藥，空氣中飄散著創新的祕方，你只要開著車窗在矽谷兜風，就能在呼吸尤加利樹氣味的同時吸收這些祕方。這些老公司看到人們靠著區塊鏈、以太坊、首次代幣發行（也稱區塊鏈眾籌），一些他們根本不懂的東西發大財，於是就飛到門洛公園沙丘路的瑰麗酒店（Rosewood Hotel）喝酒，在那裡有許多攜帶操東歐口音的昂貴「女伴」四處閒逛的創投家；到舊金山一家專為想擠進上流社會的暴發戶所開設，採會員制的私人俱樂部巴特瑞酒店（Battery）吃午餐；想盡辦法得到比特幣派對的邀請函，與一些詐欺犯、騙子、龐氏騙局（投資詐騙）者及討人厭的傢伙交際，這些人正利用被股神華倫・巴菲特（Warren Buffett）稱為「老鼠藥的平方」（rat poison squared，意指毒性更強）的加密貨幣（cryptocurrency），試圖在現代「鬱金香熱」[7]裡賺大錢。巴菲特長期倚重的夥伴查理・蒙格（Charlie Munger）對比特幣狂熱現象，更是不客氣地表示：「這就像是有人在交易糞便，而你認為自己不能被排除在外。」

問題是，當你深入挖掘那些狗屎的時候，你會發現，就像作家葛楚・史坦（Gertrude Stein）談到奧克蘭時所說的那樣：「那裡空無一物。」（there is no there there）矽谷沒有青春之泉，獨角獸也不具有神祕的管理智慧。大部分新創公司的管理都很糟糕，是由小丑、笨蛋與愛狂歡年輕人所經營半途而廢的組織，並由不講道德是非，只想讓公司上市、迅速獲利的投資客投注資金。他們沒有營運經驗，對組織行為也沒有特殊的洞察力。

他們有的，只是一種不太創新的商業模式：他們把一美元鈔票用七十五美分的低價售出，然後為公司的成長速度洋洋得意。這些新創公司絕大多數都在虧錢。傳統上，要從生意上致富，你必須建立能獲利的公司，然後再把利潤分給投資人。然而，新創投們發明了一種新的「煉金術」，即使跳過了建立一家獲利公司的步驟，仍能為自己創造財富。我稱它為「**快速成長，虧損，上市，套現**」煉金術。你先將數百萬（甚至是數億）美元投入新創公司，讓公司迅速發展，並大肆炒作那間公司，在ＩＰＯ時把股票兜售給散戶投資人，再帶著戰利品溜之大吉。

7. 發生在十七世紀荷蘭，史上第一次有紀錄的泡沫經濟事件。現代隨著比特幣價格飆升，有人將比特幣熱潮類比作鬱金香熱。

二〇一七年，我曾列出自二〇一一年以來上市的六十家科技公司，其中五十間從來都不曾獲利，有些新公司的虧損金額更是驚人。在二〇一七年，音樂串流平臺 Spotify 虧損十五億美元，Snap 虧損三十億美元，優步虧損四十五億美元。然而，截至二〇一八年初，Spotify 創辦人丹尼爾・艾克（Daniel Ek）與 Snap 創辦人伊萬・史匹格（Evan Spiegel）兩人的身價都有二十五億美元。優步創辦人卡蘭尼克，因把公司弄得一團糟而被董事會開除，儘管如此，據報導他的淨資產仍有近五十億美元。這世上有哪個地方可以讓你把公司經營到虧損數十億美元，而自己還因此成為億萬富豪的？

這種虧損的商業模式說明了創投們為何要發明新勞資契約，以及給員工的待遇如此之差，因為創投家和創始人並不想建立可永續經營的公司。所以，他們為什麼要關心是否能提供員工穩定且長期的職業生涯，或將財富公平分配給員工？勞工只是推動銷售成長的燃料，你僱用了一群年輕電話行銷人員，讓他們整天打電話推銷，你給他們不可能達到的業績額度，要他們迅速產出、工作過勞。員工可以（而且應該）被支付低薪、工作過度，然後解僱。當ＩＰＯ最終完成時，只有最頂層的少數幾個人變得非常富有，而其他人則幾乎什麼也得不到。

我擔心的是，其他產業的公司在亟欲模仿矽谷科技公司的同時，也採用矽谷投資人的方法與行徑，包括新勞資契約、高壓、反勞工政策。二〇一七年，亞馬遜收購全食超市（Whole

Foods Market）。全食超市在過去二十年來，一直以非常棒、對員工友善的文化而聞名，然而隨著亞馬遜強力施行其無情且注重數字的管理風格，全食文化幾乎是在一夜間就被摧毀了。更危險的，是接下來可能會發生的事。另一家同樣以對員工友善著稱的連鎖超市韋格曼斯（Wegmans），為了跟上潮流，是否也會變得同樣苛刻？

二〇〇〇年的轉捩點

我在研究職場資料時，當仔細研究與員工不快樂相關的各種數據時，發現到一種模式。很奇怪地，在許多圖表中，二〇〇〇年的前後都有一個反曲點。那是網路經濟泡沫達到頂峰並破裂的時間點，也是一些使網路真正可用的技術變得更加普及的時候，例如透過纜線數據機的高速寬頻連網，接著是 Wi-Fi 路由器。與此同時，行動裝置取代了個人電腦——黑莓機（BlackBerry）在二〇〇一年問世，隨後是二〇〇七年蘋果推出的 iPhone——提供數十億人相對平價、無所不在的網路服務。

社交網路網站的興起：二〇〇二年的LinkedIn，二〇〇四年的臉書，還有二〇〇六年的推特。根據追蹤調查網路使用者資訊的網際網路世界統計（Internet World Stats）所發布的資料，從二〇〇〇年至二〇一〇年間，使用網路的人數從三億六千萬（不到全球人口的六％）成長到大約二十億人（將近全球人口的三分之一）。到了二〇一七年底，使用網路的人數多達四十億人，超過世界人口的一半。

二〇〇〇年也正是外包起飛的時期，並非巧合，這要歸功於透過全球光纖電纜網絡所提供的高速且可靠的網路。新聞記者湯馬斯·佛里曼（Thomas Friedman）在《世界是平的》（*The World is Flat*）一書中，將此現象稱為「全球化三·〇」，並認為該現象開始於二〇〇〇年。二〇〇〇年也是中國與印度經濟起飛的一年，顯示了兩國的經濟成長在這一年暴漲。

與二〇〇〇年相關的另一個怪異現象，是執行長與一般員工薪酬的比例差距。根據美國政策研究院（Institute for Policy Studies）發布的資料，在一九八〇年，大公司執行長的平均收入是一般員工的四十二倍。但在九〇年代後期，這一比例急遽上升，到二〇〇〇年，執行長的收入已經是其他員工的五百二十五倍，這也許是科技業執行長在網路經濟泡沫化時期，所獲得的巨額暴利所致。泡沫破裂後，以及二〇〇〇年末的經濟大衰退時期，這一比例有稍微下降。但奇怪的是，執行長與員工薪資比例並沒有回到二〇〇〇年之前的水準。到了二〇一六年，

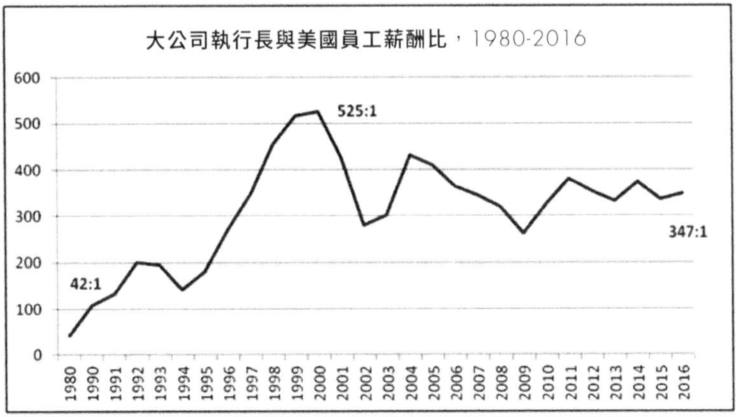

（資料來源：美國政策研究院）

大公司執行長的收入，仍然是一般員工的三百四十七倍。

顯然，這是新常態。不知為何，在網際網路出現之後，全世界都認為執行長應該獲得比過去高得多的薪資。出現這種情況的當時，若以市場價值來衡量，科技公司正逐漸稱霸全球規模最大公司的排名——這表明，網際網路在某種程度上與執行長薪酬的增長有關。

這些數據還顯示了，網際網路與勞工日益增長的不快樂有關。當然，有很多問題早在二〇〇〇年前就已出現，但網路加速了問題的惡化。隨著外包興起，美國製造業的就業機會急遽減少，抗憂鬱藥物使用量與自殺率也跟著上升。收入不平等的情況愈來愈嚴重，而位於最頂端的一小撮人卻愈來愈富裕。

我在矽谷所看到的那些騙子、科技兄弟、貪婪的創投家、極其富有的寡頭、與員工的新契約、壓力、不安全感、自殺與無家可歸等，讓我更加堅信網際網路與勞工不快樂之間存在密不可分的關聯。

那些設計出精美商品、提供絕佳用戶體驗，充滿理想主義、利他主義的奇才——就像我在HubSpot的同事所說的，他們創造了這麼多的「愉越」——竟然也造成了如此多的痛苦，這似乎沒有道理。但事實就是如此。蘋果公司生產了相當出色的智慧型手機，並提供世界一流的客戶支援服務，但該公司還是利用了諾貝爾經濟學獎得主約瑟夫·史迪格里茲（Joseph Stiglitz）稱為「騙局」的方式避稅。亞馬遜Prime的付費會員服務確實很棒，但在亞馬遜總部與倉庫工作的勞工飽受壓榨。客戶都愛用優步的叫車服務，但優步公司經營著一個有毒職場，並剝削司機。特斯拉製造了時髦酷炫的電動車，但很多人都說伊隆·馬斯克對員工極為嚴苛，而他不善於與客戶打交道也相當聞名。也有一輛特斯拉電動車的蘋果共同創辦人史蒂夫·沃茲尼克，在二〇一八年失望地表示：「我不再相信伊隆·馬斯克或特斯拉所說的任何東西。」

在過去幾年裡，我得出了一個令人遺憾的結論：由於種種原因，主要是因為貪婪，矽谷裡那些總是說要讓世界變得更美好的人，實際上卻是讓世界變得更糟糕——至少在勞工的福祉方面是如此。

很樂意去相信事情之所以會變成這樣，是因為這些科技天才有點亞斯伯格症，缺乏有效管理他人所需的社交技能——也就是說，他們是好心的書呆子，對於其他人一無所知。如果真是這樣就太好了，但我不這麼認為，事實與此恰恰相反。許多矽谷的創業者與投資客都非常了解人心，有些人（尤其是社群媒體產業的那些人）還很擅長利用心理手段來操縱顧客與員工，有些甚至僱用行為心理學家團隊。

員工受到惡劣的待遇，並非偶然發生，而是經過設計的。之所以發生這種情況，是因為新經濟被一個由創投家與毫無道德觀念的創業者構成的特定階級所劫持，他們採用股東資本主義（shareholder capitalism）的觀念（認為公司唯一的職責就是提供投資人最大的回饋），並將這種刻薄的意識形態推向難以忍受的危險極端。但這樣做絕對不會有好下場，這種日益擴大的收入不平等可能會撕裂我們的社會結構。更令人震驚的是，寡頭們清楚知道會有這種後果，但很顯然地，他們並不在乎。

我們究竟是怎麼走到這一步的？進步為何會帶來如此黑暗的一面？事實上，我們現今面臨的一些問題，源自一百多年前……

第三章——非常簡短的管理科學史（以及你不該相信它的理由）

用樂高積木拼一隻鴨子，看似完美體現了當今職場的時代精神，但是我在門洛公園那間咖啡廳做的練習，其實只是一種舊觀念的新體現，一種在二十世紀初期興起，後來稱為「管理科學」（管理學）的觀念。

管理科學是基於這樣的一種信念：管理人的藝術可以簡化為科學。而現今你也可以從麻省理工學院等大學，取得管理科學學位。然而，「管理科學」一詞，在二十世紀中期以前幾乎沒有出現過。只有在一九四八年九月一日的《紐約時報》上，曾刊登一篇標題為〈管理的新時代已經來臨〉，文中討論一些關於「加強品質與成本控制的方法，以及研究提升個人生產力的所有技巧」的新觀念。

管理科學背後理論的鼻祖，是一八五六年出生在賓夕法尼亞州日耳曼鎮的腓德烈·泰勒

（Frederick Taylor）。就和一個世紀後矽谷裡那些早熟的天才兒童一樣，泰勒從哈佛輟學，到費城一家水壓工廠當學徒，並很快就獲得升遷。到了一八九〇年代，泰勒聲稱自己發明了可以讓任何工作流程最佳化的科學方法。泰勒以在伯利恆鋼鐵公司（Bethlehem Steel）進行的實驗而廣為人知，他誇口說他的那套方法使一組工人一天所能裝上的生鐵板數量增加了三倍。泰勒天天帶著計時器，記錄著每件事情的時間。他所發表的聽起來很科學的研究報告裡，充斥著許多這樣的公式：

$$B=(p+[a+b+d+f+\text{搬運距離}/100\ X\ (c+e)]\ 27/L)(1+P)$$ *

生鐵實驗令泰勒一舉成名，他在書中、演講中，以及在為重金禮聘他的大公司提供諮詢服務時，也經常舉這個實驗為例。但後續事實證明了，泰勒是個江湖術士——也可能是個騙子。生鐵工人效率提高的情況並沒有發生，至少事情並不像泰勒所描述的那樣。實際的情況是，泰勒提高工作定額後，工人紛紛辭職。伯利恆鋼鐵公司開除了泰勒，據一些人估計伯利恆鋼鐵公司付給泰勒的酬金，遠比他們透過提高生產率而節省下來的費用還要多。泰勒的方法是有瑕疵的，甚至到了荒謬的地步，他還捏造數據、作弊、說謊。正如美國歷史教授吉爾・萊波雷（Jill

Lepore）在二〇〇九年十月的《紐約客》（*New Yorker*）上對泰勒的評論，說好聽點他是判斷失誤，說難聽點他就是個「無恥的騙子」。一九一五年，泰勒在醫院去世，猜想，直到最後一刻他可能仍緊抓著計時器不放。

儘管泰勒的謊言被揭穿，「泰勒主義」（Taylorism，也稱泰勒制或泰勒化）仍幾乎成為一種信仰，其追隨者被稱為「泰勒派」（Taylorites）。泰勒非常幸運，在當時可說是天時地利人和。在他有生之年，第一批大型全球企業——標準石油（Standard Oil）、卡內基鋼鐵公司（Carnegie Steel）、美國鋼鐵公司（U.S. Steel）、西爾斯公司（Sears Roebuck）與奇異（General Electric）——初具規模，但沒有人知道該如何經營如此龐大的企業。在二十世紀初，綜合型大學開始設立商管學院，這些商學院需要教材可以教學，於是它們選擇了泰勒主義。泰勒最著名的著作《科學管理原理》（*The Principles of Scientific Management*）於一九一一年出版，是二十世紀上半葉美國最暢銷的商管書。

一支剛拿到工商管理碩士學位的迷你泰勒大軍，帶著泰勒理論大舉進軍企業界。一個世紀後，工商管理碩士成了美國最受歡迎的碩士學位，各大學每年大量生產十八萬五千名工商管理碩士。此外，商學院還催生了一種新職業——管理顧問。現在的企業界到處都是顧問，光是美國就有超過六十萬名顧問。這些人和泰勒一樣一派胡言，但也被賦予了一種特殊天賦，就是即使他們不知道自己在做什麼，仍能保持極度的自信。前管理顧問馬修．史都華（Matthew Stewart）在他的回憶錄《管理神話：揭穿現代商業哲學真相》（*The Management Myth: Debunking Modern Business Philosophy*）中回想他的第一次面試，在那場面試裡他被測試了胡扯的能力：「那次面試的目的，是想看看我是否能夠很輕鬆地用虛構的『事實』，談論我幾乎一無所知的議題。現在回想起來，我意識到這是一場極佳的管理顧問初體驗。」管理顧問和泰勒一樣，他們領很多錢，卻沒有任何實質產出。一個關於管理顧問的老笑話：所謂管理顧問，就是跟你借手錶來告訴你時間的人——然後留下手錶不還你。

在過去一個世紀裡，泰勒派創造了許多神奇程序與方法，可以施行在組織上，使整個機器在更高的層次上運作。如果我們勞工是白老鼠，那麼管理大師無疑是躲在幕後的瘋狂科學家，不停地產出新想法，並在我們身上測試這些想法的可行性。

商業世界對管理大師的需求似乎永無止境。我們可能無法責怪執行長們，也許沒有人真正聰明到足以經營一家如此龐大且複雜的公司。但總得有人去做。於是緊抓著一種系統，任何系統都可以，至少提供了組織結構的假象。當出問題時，老闆也才有可以怪罪的對象。企業管理者處理系統問題的方式，就像溺水者抓取救生圈一樣。

管理大師很樂意拋出救生圈——要收費。「管理大師」已然成為一種新的工作類型，介於學術、心理、顧問、行銷與自助運動（self-help movement）之間的新領域。執業者可透過出書、演講、擔任顧問等，多種管道來賺取收入。有些商學院教授把管理顧問當副業，另有一些則是專門提供位高權重的執行長私人諮詢服務，以管理教練的身分謀生。

繼腓德烈・泰勒崛起的是彼得・杜拉克（Peter Drucker），這位出生於奧地利的知識分子出版了包括：《企業的概念》（*Concept of the Corporation*，一九四六年出版）與《彼得・杜拉克的管理聖經》（*The Practice of Management*，一九五四年出版）等三十九本書，被譽為「現代管理學之父」。杜拉克是訓練有素的經濟學家，也是備受尊敬的學者，「知識工作者」（knowledge worker）一詞就是由他所創。他對泰勒情有獨鍾，將他視為商管思想家之翹楚，他自己也和泰勒同樣深愛蒐集數據與將事物量化。杜拉克最廣為人知的一句名言，應該就是這句：「如果你無法衡量它，你就無法改善它。」（If you can't measure it, you can't improve it.）

後來，哈佛大學商學院教授麥可・波特（Michael Porter）也提出了一種分析企業競爭力的工具，聲稱企業可以利用他的「五力分析」（Five Forces Framework）來創造永續的優勢。波特創立了名為摩立特集團（Monitor Group）的顧問公司，從企業客戶那裡收取鉅額顧問費——一直到二〇一三年，摩立特集團不知為何突然宣告破產。杜拉克與波特的後繼者是哈佛教授克雷頓・克里斯汀生（Clayton Christensen），他憑藉在一九九七年出版的《創新的兩難》（*The*

Innovator's Dilemma）一書，獲得了創新大師的身分地位。蓋瑞・哈默爾（Gary Hamel）寫了《管理大未來》（*The Future of Management*）並發表了許多關於管理二・〇的言論。詹姆・柯林斯（Jim Collins）說明了企業可以如何從優秀到卓越（《從A到A+》〔*Good to Great*〕）。芮妮・莫伯尼（Renée Mauborgne）與金偉燦（W. Chan Kim）寫了《藍海策略》（*Blue Ocean Strategy*）。如果你在企業界工作，就一定聽過這幾本書，這些書總計已經銷售了數千萬冊。

這些管理大多提供策略方面的建議。但在過去一個世紀的過程中，泰勒主義也出現了新的轉折，對於加速生產線、減少瑕疵、提升品質，並用更少人完成更多事等，提出了具體方法。第二次世界大戰期間，美國戰爭部發明了名為「廠內訓練」（Training Within Industry，即今日的在職訓練肇始）的管理方法，以幫助負擔過重的國防承包商。就像泰勒和他的生鐵工廠實驗一樣，廠內訓練的想法是讓工廠工人以更少的時間生產更多的產品。戰後，日本公司將廠內訓練改良成今日眾所周知的「豐田生產系統」（Toyota Production System），這後來又演化成「精實生產」（Lean Manufacturing或Lean Production）與及時生產制度（just-in-time）。到了一九八〇年代，美國消費性電子產品巨頭摩托羅拉（Motorola）的兩名工程師想出了「六標準差」（Six Sigma）管理系統，接下來二十年裡，全球各地的大公司都採用這種系統來改造其產品與流程。

就這樣，從腓德烈・泰勒時代至今的一百多年來，企業不停地追逐新的管理潮流，而每個潮流又有自己的發展方向，於是人們又跳進下一個潮流裡，相信——就像查理・布朗想踢中露西手中的橄欖球一樣」——這一次情況會有所不同。

管理科學與資訊時代的相遇

六標準差、精實生產與豐田生產系統等二十世紀泰勒派管理方法，都是為了生產實物，諸如汽車、飛機、戶外家具等而開發。但現在，我們生活在資訊時代，大部分的人不再是用手而是用腦工作。隨著網路興起，想當然耳，精明的管理顧問開始思考，是否可以創建一個管理系統，來優化知識工作者的生產力，並對編寫軟體程式等任務實行嚴格的管理與紀律。嘿，如果你能開發一個科學的軟體編寫系統，為何不把它應用到公司營運的各個方面呢？

泰勒主義的兩種新形式試圖做到這一點。規模最大的，就是敏捷軟體開發，這個管理風潮席捲了整個企業界，並演變成一些人所說的「運動」，但更像是蔓延開來的精神疾病。另一種則是精實創業（Lean Startup），這個系統較不受歡迎，但還是有自己的死忠追隨者。總的來說，這兩種管理方法代表了組織行為學一個巨大的全球實驗，在這場實驗中，數百萬可憐的呆伯特（Dilbert）在不知情的情況下變成了實驗室裡的白老鼠，有時還會導致不堪設想的後果。敏捷軟體開發與精實創業的提倡者和泰勒一樣，帶著近乎宗教狂熱般的信仰，深信他們可以使組織更有效率。就像泰勒一樣，他們可能是善意的，但毫無疑問他們大錯特錯。

要注意的是，敏捷軟體開發與精實創業都源自矽谷，是由電腦科學家所發明的管理方法。這兩者都把組織類比為一種機器，一臺可以重編程、重新啟動或更新企業流程的電腦。從這樣類比的角度來說，流程就是軟體。與實際軟體一樣，你可以編寫一套程式，再根據它的運行狀況，對其進行調整、優化，並不斷地更新。

---

1. 兩人均為美國知名的報紙連載漫畫《花生》（*Peanuts*）裡的人物，查理．布朗從來沒有踢中過露西手中的橄欖球。

將公司類比為電腦的最大問題是，在電腦中，你要處理的是晶片，而晶片本來就可以重編程，但我們人類可不能隨意修改。說來奇怪，敏捷軟體開發，被ＩＢＭ公司、巴克萊銀行（Barclays Bank）等數千家公司採用，是最受歡迎的新管理方法，但其最初並不是被設計做為經營公司或管理人員的一種方法——原本的用意，就如它字面所示，是為了解決電腦問題所創建的。

百分之九十的胡扯：敏捷軟體開發毀了我的人生

一九九〇年代末，軟體開發產業遭遇危機，業界的程式設計項目不斷失敗，其中一些災難讓公司損失了數百、數千萬美元。銀行和保險公司會指派數百名碼農（coder）編寫往往包含了數百萬行程式碼的龐大軟體程式，這些程式設計師可能寫了一兩年還寫不出來，進度嚴重落後，當他們好不容易完成了，這時公司已經不需要這個軟體了。公司會接著進行新的項目，為了加快速度可能會再多聘用一些碼農，結果卻發現人手太多反而讓工作變得更沒效率。

二〇〇一年的二月，也就是大約二十年前，十七位資深軟體工程師在猶他州雪鳥滑雪場相聚，準備發起一場革命——這個舉動讓人覺得十分古怪。這十七個人認為整個軟體開發領域都該打掉重練。破除舊思維！扔掉所有的假設、模型與方法！把過去所有的一筆勾銷，從頭來過！把權力交給程式設計師！這幾位革命人士就像列寧（Lenin）、托洛斯基（Trotsky）及布爾什維克派（Bolsheviks），幻想建立一個新世界的規則，除了他們是躲在猶他州峽谷一個海拔一萬一千英尺，四周都是陡峭雪峰，與世隔絕的豪華滑雪場裡開會。

反抗聯盟的諸位領導人，在三天內擬出一份僅有一頁的文件，他們稱之為「敏捷軟體開發宣言」（Manifesto for Agile Software Development）。該宣言包含加速軟體開發流程的十二項原則，內容主要是說，最好是把一項大工作拆成許多小塊，盡量在較短的時間內——例如數週——交付可用的軟體。

請注意，這份宣言雖然有「敏捷」兩個字，但在這裡「敏捷」是用作形容詞，而不是名詞。後來不知怎地，卻變成了名詞，並且使用了大寫A。那些教人如何開發軟體的簡單原則，演變成了如何管理公司各個部分的教規。敏捷宗教快速傳播、蔓延，並溜出軟體開發、鑽進組織的其他部門，朝著不同的方向發展。於是，在管理科學的偉大傳統中，祭品出現了。到了二○一○年代中期，管理顧問公司以及聲稱擁有四萬會員的敏捷聯盟，開始販售敏捷項目，像是舉辦敏捷會議、敏捷認證考試等。過去十年來，敏捷軟體開發（以下稱敏捷開發）如星火燎原，在整個企業界中蔓延。最近有個敏捷開發支持者寫了一篇標題聽起來不怎麼有趣的文章，〈為什麼敏捷正在吞噬世界〉（Why Agile is Eating the World）。我上亞馬遜搜尋，發現市面上有超過四千本和敏捷相關的書籍，《哈佛商業評論》雜誌（*Harvard Business Review*）也鼓勵公司「欣然採納敏捷」、「讓敏捷為公司高層效力」，並「將敏捷帶入整個組織」。

原本只是一頁提供軟體程式設計師參考的幾項常識性原則——例如**經常交付可用的軟體與精簡是不可或缺的**——竟搖身一變，成為能使組織改頭換面的靈丹妙藥，具有無所不能的力量。原本被顛覆的人，也能成為顛覆者，遲緩、沉痾、僵化的老製造公司也能成為敏捷、跑得快的短跑運動員。還有敏捷律師、敏捷行銷人員與敏捷人力資源人員。畢竟，誰不想變得敏捷呢？宗教都會有一些共同理念，而且它們都是有道理的。敏捷開發就是在小團隊裡工作、縮短專案時間，並加強合作。然而，隨著敏捷開發的傳播，它的原始意義不斷被稀釋。現在已有無數個不同版本的敏捷開發，有些甚至互相牴觸。對於敏捷究竟是什麼、該如何使用敏捷，就連那些撰寫相關書籍的專家也沒有一致的看法。

儘管如此混亂，你的公司應該還是會採用敏捷開發，所以，你將成為實驗室裡的白老鼠。你可能想知道，接下來會發生什麼事？

請做好心理準備，你必須花幾個月的時間學習使用全新的方法工作；你會參加工作坊、上線上課程，以及參與角色扮演練習；你可能會用樂高積木拼鴨子、戴搞笑的帽子，或玩拋球遊戲；你得學習新語言，與各種令人眼花撩亂的字首簡稱；你得和人討論反模式（antipattern）、心跳、訊息輻射體（information radiator）與「時間盒」（timebox）；你會套用 Given-When-Then 公式來進行測試；下班前，你得在心情日曆（niko-niko calendar）上畫笑臉或怒臉，來表示你今天的心情。如果你是資訊科技業者，你將學到結對編程（pair programming，或雙人編程）、群體編程（mob programming）與極限編程（extreme programming）；你可能會有一個新的職稱、新的角色，但也可能會被敏捷過頭的主管開除。

完成訓練後，你將會以「站立會議」（stand-up meeting）來開始你的每一天，和 Scrum Master 在一個 Scrum 中工作[2]，你可以從「story point」的「待辦清單」（backlog）選擇你的任

2. Scrum，一種敏捷軟體開發的方法學，源於工程師的工作模式，簡單說，就是一種合作模式、專案管理的流程。Scrum Master，沒有中文翻譯，通常也不翻譯，指 Scrum 教練和團隊領導人。

務，然後在「衝刺期」（sprint）裡執行任務，每個衝刺期結束時，你必須展示（demo）成果，以及開一個「回顧與檢討會議」（retrospective），然後再開始新一輪的衝刺期。你也可能不是使用Scrum，而是有一個「看板」（Kanban）[3]——基本上是同樣一回事——或者也可能是結合了Scrum與Kanban的「Scrumban」（這不是我在瞎編）。各Scrum團隊必須互相協調，所以在每天的早會中，各團隊必須指派一位「大使」，讓那個可憐的傢伙參加稱為Scrum of Scrums（Scrum之間的合作）的第二場會議，以保持各Scrum團隊的順利運作。

同樣的，Scrum Master之間也必須開會，將進度與成果報告給敏捷教練（Agile coach），不過每一位教練只能管理幾個Scrum Master，所以一間公司可能會有一群敏捷教練，而他們也需要有專門的敏捷實踐部門。所謂的敏捷實踐者現在有了自己的職涯路徑，從敏捷教練到敏捷推廣者，再到企業敏捷教練，一路晉升，最後到達敏捷之路的頂峰：敏捷實踐領導者。在某種程度上，你可能會意識到，一種旨在讓組織變得更靈活、更敏捷的管理方法，反而為公司增加了額外的管理——這就像是為了讓你的車子開得更快，把它和另一輛載滿一隊賽車手的車子掛鉤在一起。

敏捷開發已經成為你的第二份工作。現在，除了所有例行的煩人會議之外，還得額外參加敏捷會議，討論敏捷以及敏捷教條的各個方面。有些人可能會私底下抱怨幾句，但沒有人敢公開抗議，因為這麼做——反潮流——意味著你會被貼上質疑敏捷實踐的敏捷懷疑論者的標籤，是阻礙公司進步的障礙。這種情況下，老員工承受了極大壓力，他們的經驗豐富足以看出敏捷開發只是胡扯，通常會以失敗收場，但也足夠睿智地意識到敏捷開發的真正意義，可能是給公司創造一個開除老員工的藉口，所以聰明的做法就是閉上嘴巴跟著做。但願不會有人覺得你不夠敏捷、不夠熱情，不能適應新的做事方法。

芬蘭有一種名叫灰林鴞的鳥類，牠們的羽毛可能是深棕色，也可能是淺灰色。過去有很長一段時期，淺灰色灰林鴞比深棕色灰林鴞更具優勢，這是因為芬蘭的冬季時常下雪，淺灰色羽毛有助於牠們融入環境，不被掠食者與牠們的獵物田鼠察覺。因此在芬蘭，淺灰色灰林鴞的數量大過於深棕色灰林鴞。但是，隨著全球氣候暖化，芬蘭的冬季變得不如過去嚴寒，降雪量也

3\. 看板方法，一群人透過一塊板子一起協作，一種透過漸進、演化過程來改變組織系統的方法。

不如從前，科學家發現淺灰色灰林鴞開始減少。牠們不再具有優勢，淺灰色羽毛不再幫助牠們融入環境，反而使牠們變得顯眼，因而能夠存活到繁衍下一代的相對變少。如今，淺灰色灰林鴞的數量逐年減少，而深棕色灰林鴞則愈來愈多。

那麼，五十歲的你在那裡，坐在敏捷工作坊裡，玩著一堆黏土或者一袋的樂高積木——你是淺灰色灰林鴞嗎？在舊時的生態系統中，你所具有的優勢讓你過得如魚得水，不斷地加薪和升遷——你吃下了所有美味的田鼠，也避開了你的天敵。現在一切都是敏捷，你就像是一隻停在深棕色樹上的淺灰色灰林鴞。但你還想保住這份工作！因此，淺灰色的你，每一天都在為生存而戰，包括克服基因的劣勢。對你而言，那些樂高和黏土遊戲並非只是無傷大雅的娛樂，還嚇壞你了。

有些公司做到最後變成了所謂的「歌舞伎式敏捷」（kabuki Agile），也就是表面上採用站會、以 Scrum 形式工作等敏捷實踐，但實際上仍然使用舊有的方式做事。在一些公司裡，敏捷開發的工作方式慢慢消失，但一直沒有正式放棄。很少有公司勇於承認失敗，公開聲明這個實驗是在浪費時間，敏捷開發不僅沒提升生產力，甚至可能使工作變得更沒效率——因為沒有人願意承認自己犯下了代價高昂的巨大錯誤。無論如何，待敏捷狂潮過去，一些優秀的人才不是因為不想參與這場鬧劇，就是因為被主管視為淺灰色灰林鴞，而早已離開了公司。

當然，要嘲笑敏捷軟體開發很容易，也可以把它視為一種荒誕的流行，但它確實在某些地方造成了傷害。泰勒主義的原始版本中，泰勒拿著計時器站在拖著生鐵板的工人旁咆哮，致使工人身體疲憊和受傷。現代泰勒主義所帶來的傷害更大，尤其是在精神上的。

敏捷顧問丹尼爾．馬卡姆（Daniel Markham）在二〇一〇年發表了一篇廣為流傳的文章，標題為〈敏捷軟體開發毀了我的人生〉（Agile Ruined My Life），他在文中痛斥那些正在接管這塊領域的瘋子，並表示：「這是在摧毀人們的生活。」二〇一七年我與他聯繫，並問他從發表文章至今，情況是否有任何的改變。他告訴我：「情況比以前更糟。」馬卡姆表示，敏捷原本是立意良善的好想法，但最後卻演變成了一頭怪獸。馬卡姆現在以收拾敏捷的爛攤子為生，受僱於因敏捷開發而偏離正軌的公司，協助修復所造成的問題。「我開救護車，所以我看得到倒在路上的所有屍體，」他對我說，「情況真的很糟。」

就連在二〇〇一年草擬《敏捷軟體開發宣言》的軟體專家也表示，他們已經無法理解現在的敏捷開發了。二〇一七年，我與其中一位軟體專家，馬丁．福勒（Martin Fowler），共進午餐。福勒對我說：「我覺得現在的敏捷有百分之九十是胡扯。」福勒是個五十多歲的英國人，說話有英格蘭中部腔調，愛穿花呢西裝搭配領巾，是當初在猶他州草擬敏捷宣言的十七位軟體工程師之一。他還著有八本備受推崇的軟體程式設計書籍，被認為是電腦科學家中的傳奇人物。和福勒談論敏捷開發，就像是和聖保羅（Saint Paul）談論基督教，並且聖保羅還告訴你，當代基督教的大部分教義與他在西元一世紀所寫的書信沒有任何關係。

但這是意料之中的事，福勒如此表示。「這就像『悄悄話』（Chinese whispers）遊戲，」他指的是美國人稱為「電話遊戲」的傳話遊戲。「一個人把話告訴第二個人，第二個人再傳給第三個人，再傳給第四、第五個人，到最後內容已經變得面目全非。」

另一位《敏捷軟體開發宣言》作者安迪．洪特（Andrew Hunt），在二〇一五年發表的文章〈敏捷的失敗〉（The Failure of Agile）中寫道：「我們迷失了方向。」洪特告訴我，「敏捷」這個詞已經變得「毫無意義」，因為它被一群「高分貝的敏捷狂熱者」所劫持，而他們根本不知道自己到底在說什麼。敏捷分成了「大規模 Scrum」（Large-Scale Scrum, LeSS）與「紀律性敏捷交付」（Disciplined Agile Delivery, DAD）等許多支派，而根據洪特的說法，最糟糕的支派絕對是「規模化敏捷框架」（Scaled Agile Framework, SAFe），他和敏捷宣言的其他幾位作者將之戲稱為「劣質的企業敏捷化」（Shitty Agile for Enterprise）。「它根本是場災難，」洪特告訴我，「我有幾個顧問朋友，光是幫使用規模化敏捷框架失敗的公司收拾殘局，就賺了很多錢。」

規模化敏捷框架（SAFe）是一間名叫規模化敏捷（Scaled Agile Inc.）的公司裡，一群瘋狂科學家的惡魔結晶，他們的方法是一個由一堆規則、圖表與配置組成的可怕世界。規模化敏捷框架本身有多種不同的配置，你在規模化敏捷公司的網站就可以找到這些配置。每一種配置都令人憎惡地將公司複雜化，以及魯布．戈德堡式（Rube Goldberg-esque）[4]的相互依賴關係。

批評敏捷軟體開發的人相當多，這種管理方法最大的問題，就是大部分的敏捷實踐都失敗了——不管你選的是哪種口味的敏捷都無所謂，因為它們都是假冒巧克力冰淇淋的狗屎。一名住在倫敦、接受過敏捷訓練的程式設計師告訴我，他懷疑公司採用敏捷開發是為了壓低薪資，因為敏捷的理念是讓所有人成為通才，而非專精某項技能的專家，這意味著他們可以很容易地被取代，也可以支付較低的薪資。他還擔心一些公司採用敏捷開發，是為了擺脫年老、薪水較高的員工——他們會說這些人無法適應公司新的工作模式，從而擺脫這些淺灰色老員工。

4. 魯布．戈德堡裝置出自美國漫畫家魯布．戈德堡的作品，後被收錄於辭典中，意思是以極為繁複而迂迴的方法去完成實際上或看起來可以容易做到的事情。另衍生為極為混亂或複雜的系統。

另一個問題是，很多公司經常是臨時採用敏捷開發，因而負責執行的管理者往往都沒有經過正式訓練。而有些管理者只是讀過一本關於敏捷的書，就決定試試看——他是個瘋狂科學家，而你，為他工作的人，就是他實驗的白老鼠。想像一下，你的鄰居正拿著一把瑞士刀、閱讀網站上的說明，幫你做緊急的闌尾切除手術，你就能明白是什麼情況了。

網路論壇上到處都是求救聲，例如二〇一三年，一篇發布在程式設計師交流平臺駭客論壇（Hacker News）上的文章：「我再也受不了這種敏捷廢話了，簡直是瘋了。它帶有宗教的標誌，大量的書籍、大量的信徒、斂財的油嘴滑舌傳道者，而且沒有任何證據證明它有效。就我所看到的，事實上證明它沒有效的證據更多。」

研究者持續研究敏捷，試著找出證據來證明敏捷確實有效，但這些人大多空手而回。敏捷倡導者吹噓的成功案例，大部分都是傳聞。如果你想找真正有說服力的數據資料，你會發現很難找得到。儘管如此，大公司依然堅持使用敏捷。

——精實並不容易

隨著敏捷蛻變、演進、滲入企業界的每一絲縫隙，與之競爭的新方法開始在矽谷成形。在二〇〇〇年代中期，一個名為艾瑞克・萊斯（Eric Ries）的年輕企業家展開了一項組織行為學的激進實驗，這個實驗後來演變成今天的「精實創業」方法。

萊斯過去在耶魯大學攻讀電腦科學，在他大學時期，曾創立一間新創公司，後來以失敗收場。萊斯在二〇〇〇年畢業後，到矽谷一間發展網路虛擬世界的公司工作，然後在二〇〇四年和其他四個人離開公司，另外建立了一個新的虛擬世界，使用者能創造自己的頭像、和其他使用者社交與玩遊戲。萊斯等人將新公司命名為ＩＭＶＵ，由萊斯擔任技術長。

萊斯在ＩＭＶＵ待了四年，這段期間，他對豐田生產系統與精實生產產生了興趣，他推論豐田用來生產 Corolla 車系的原則，能套用在研發新軟體上，甚至應用於建造公司上。他合夥的新創公司ＩＭＶＵ，正好能做為供他測試理論與假設的實驗室。

二〇〇八年，萊斯離開ＩＭＶＵ，開始經營部落格、到處演講，闡述自己的理論。這些作為奠定了他在二〇一一年出版的暢銷書，《精實創業：用小實驗玩出大事業》（*The Lean Startup*）

的基礎。此時，網路經濟再次起飛，人們開始在 Web 2.0 時代積極創業，新創公司如雨後春筍般出現。但是，這些創業者大多沒有經營過公司，甚至有些人也沒有任何的工作經驗，他們不知道該怎麼做，萊斯給了這些創業者指引。

和敏捷一樣，精實創業有自己的一套術語與簡稱，像是「最小可行產品」（minimum viable product, MVP）、「絕對信念假設」（leap of faith assumption, LOFA），與名為「開發—測量—學習」（Build-Measure-Learn）的流程。就像敏捷開發原本不過是關於編寫軟體程式的一些想法，後來卻演變成萬用的神奇方法，甚至能用來改變整個組織文化。精實創業也在信徒的擁護下，注入這個方法論近乎超自然的力量。精實創業與敏捷同樣成了全球性的現象，還發展出自己的產業。萊斯成立了精實創業公司（Lean Startup Co.），專門提供顧問服務、舉辦會議，並提供教育訓練計畫，其他顧問公司也跟著推出精實創業相關服務。精實創業雖然有「創業」兩個字，卻不侷限於新創公司，根據萊斯的說法，無論規模大小，任何組織都能使用精實創業原則，就連大公司裡的人也能像創業者一樣行事，萊斯稱他們為「內部創業家」（intrapreneur）。

奇異公司的寓言故事

奇異公司執行長傑夫．伊梅特（Jeffrey Immelt）在一天內讀完萊斯的書，他說那本書宛若當頭棒喝，讀完後他一心想成為內部創業家。奇異公司是間有百年歷史、多種產業的企業集團，當時的年收益大約是一千五百億美元。伊梅特帝國有三十萬名員工，他們被分成許多部門，就連華爾街的分析師也難以理解這些部門該如何整合。換句話說，奇異公司想像其他公司一樣變成新創公司根本不可能。

儘管如此，伊梅特仍想讓奇異變得更像新創公司。他的目標是將奇異轉型成科技公司，於是他在矽谷創立軟體開發中心，預計僱用一千名軟體工程師。在伊梅特看來，這是一件攸關生死的大事。後來他在《哈佛商業評論》雜誌的一篇文章中回憶道，當時他對各大主管說：「各位，如果我們無法成為全球最好的科技公司，我們就完蛋了，死定了。我們沒有退路。」

伊梅特這項轉型計畫的關鍵人物，就是萊斯。伊梅特邀請萊斯到奇異公司，在該公司分布廣泛的各個部門闡述精實創業的理念，並啟動奇異公司稱為「快捷專案」（FastWorks）的項目。過去數年，已有超過六萬名奇異員工接受精實創業訓練。

很遺憾，快捷專案幫不了奇異公司。奇異的營收不見增長，即使股市迅速成長，奇異的股價仍欲振乏力。二〇一七年，伊梅特遭董事會開除。不久後，奇異宣布公司遭遇巨大的財務問題且損失慘重，於是美國證券交易委員會對奇異的會計慣例展開調查。奇異的股價暴跌，降至先前的一半。新繼任的執行長開始討論拆分公司，出售部分業務。

奇異並沒有成為大型企業在數位時代轉型成功的出色例子，反而成了**負面**案例。當然，奇異公司的種種問題並非精實創業所致，但精實創業也沒能解決公司的問題。問題不在於奇異公司選錯方法，應該改用敏捷開發，也不是奇異公司是否正確執行精實創業。這個教訓，如果有的話，可能是更可怕的事情——也許根本沒有任何神奇的解決方案、魔法奇蹟，可以把一家擁有三十萬名員工的公司轉型成新創公司。

你不可能讓航空母艦像水上摩托車一樣地快速跳躍。

恐懼的時代

就連一些靠「管理科學」維生的人，也認為這東西誇大其詞。「現代的管理理念已經正確到足以構成危險的錯誤，使我們嚴重地誤入歧途。它誤導我們用科學方法解決不科學的問題，它還提供虛假的科技解決方案來解決根本上的道德與政治問題。」馬修·史都華在揭露從泰勒至今的管理大師工作的《管理神話》中如此寫道。

既然如此，為什麼還是有那麼多公司尋找青春之泉與神奇的靈丹妙藥？因為現在他們都嚇死了。他們的公司規模曾經是優勢，現在卻成了重擔，大家都親眼目睹曾經所向無敵的公司——百視達、淘兒唱片、博德斯集團，被網際網路摧毀，大家都擔心自己變成下一個。

創業投資人馬克·安德森曾說：「軟體正在吞噬世界。」意思是，科技公司已經不再滿足於只是將電腦與軟體賣給其他產業，而是打算取代他們。媒體業遭到重創，而實體商店正迅速消失，人們此現象稱為「零售末日」（retail apocalypse）。玩具反斗城（Toys "R" Us）於二〇一八年陣亡，西爾斯（Sears）離死亡不遠，而二〇二二年之前全美有四分之一的大型購物中心將倒閉。

下一輪名單是好萊塢、底特律與華爾街。金融科技公司想要滅掉銀行來管理你的金錢。亞馬遜與網飛（Netflix）也開始製作電影與電視劇。無論你從事哪個產業的工作，都會有拿著創投基金的科技人，正在密謀摧毀你的公司，搶走你的生意。

大公司有充分的理由害怕，但他們已經焦慮到發瘋了。開始像一個染頭髮、穿緊身牛仔褲與牛仔靴的老人，或是每個月去一次安布羅斯輸血的九十二歲老人，他們變得瘋狂和愚蠢。他們做過去絕對不會做的事，他們忘了自己是誰，他們有身分認同的危機。

二〇一六年秋天，我到密西根州迪爾伯恩市參觀福特汽車總部時，近距離觀察到這種恐懼。

第四章——誰怕矽谷？

我要先承認自己的私心：我愛福特。福特是龐大、強壯且務實的美國製造業巨擘，也是全球最知名品牌之一，過去數十年一直位居《財富》（*Fortune*）全球企業五百大前幾名。福特汽車的員工多達二十萬人，每年售出六百萬輛車，年收入約一千五百億美元，淨利則維持在八十億美元左右。福特是一艘航空母艦，經營如此大規模的組織是一項艱鉅的任務。

福特汽車的全球總部建於一九五〇年代，是一棟十二層樓、玻璃與鋼鐵構成的巨大堡壘，完全體現出美國在當時的自信與驕傲。而內部，大廳同樣散發出一種安靜的力量：含蓄、專業，甚至有些寧靜。在一些地方展示著經典的野馬汽車（Mustang）與皮卡車，並用繩子圍起，以免訪客上前觸摸這些車輛，感覺就像是在博物館裡。這裡沒有古怪的新創公司裝潢，而是有很多的深色木頭。這是個嚴肅的地方，是嚴肅的大人辦嚴肅事情的地方。

但今天有點不同。這天，二〇一六年九月的一個星期一，有個笨蛋踩著四十磅重的懸浮滑板，在走廊上來回穿梭，搖搖晃晃、雙手不停晃動以保持平衡地蛇行前進，危及自己與他人的性命，包括一群剛吃完午餐回來一臉錯愕的福特員工。那個笨蛋就是我。我之所以在這裡，是因為福特汽車舉辦一場為時兩天的活動，邀請我到他們公司做個有關破壞的簡短演講，並在臺上訪問福特汽車的一位高級主管。福特汽車邀請了三百名記者到底特律參訪及認識這間公司，同時舉辦了一場駭客松，這個懸浮滑板就是進入決賽的作品之一，所以一名公關說服我試騎兜個一圈。

為何這些人要舉辦駭客松？我猜想，答案就在西邊兩千英里處，加州帕羅奧圖郊外荒涼的丘陵地，一條多風的路上幾幢不起眼的建築裡——特斯拉總部。特斯拉是個爛攤子，但說到性感，福特沒有一個車款比得上特斯拉流線型且快速的 Model S 電動車。雖然福特汽車的營收是特斯拉的十三倍，賣出的車輛臺數是特斯拉的六十六倍，但這兩間公司的股價卻相差不遠。

特斯拉的股價之所以居高不下，主要是透過炒作的支撐。特斯拉執行長伊隆．馬斯克精通行銷，善於炒作話題。但是，特斯拉在開發電動車與自駕車兩大新車科技方面，還是領先底特律。特斯拉並不是唯一威脅到福特的矽谷公司，Google 與優步也在研發自駕車，還有傳聞蘋果成立了一個祕密汽車實驗室。矽谷人意識到運輸業正在成為一種科技產業。自駕車依賴人工智慧，意味著需要感測器與各種軟體，而這些東西都是他們所擅長製造的。對他們而言，一輛汽車只是一個安裝了人工智慧電腦與一堆剛好附有輪子的軟體的容器。十年後，人們不再只是因為汽車馬力最大、真皮座椅最好而買車。他們會關心哪種車款有最好的軟體、最可靠的自動駕駛系統、最聰明的導航電腦，以及附加在儀錶板上的酷炫新功能。

Google和蘋果占有巨大的優勢，他們僱用了大量的軟體開發與人工智慧工程師，有數十億美元的資金，他們的資源幾乎是無窮無盡。但這不代表Google和蘋果就能夠跟福特汽車一樣一年生產數百萬輛車，矽谷人往往低估了製造東西的難度，尤其是像汽車這麼複雜的產品。而福特汽車已經這樣做了一個多世紀。事實上，在一九一七年，福特與特斯拉現今同年齡時，福特的生產臺數已是特斯拉的七倍——而且當時並沒有機器人、電腦或軟體的幫助。

然而，近年來福特汽車搖搖欲墜。銷售量的成長率不高，股價多年來持續下跌。馬克・菲爾德斯（Mark Fields）接任執行長才兩年時間，但公司董事會已經開始不耐煩了，認為他應該要能扭轉局勢。菲爾德斯宣布，計畫拆除福特園區裡的一些破舊區域，重新建造一個類似Googleplex的新園區。因此，福特僱用了人工智慧工程師，在矽谷建立了一間科技實驗室，並與舊金山一間軟體公司達成協議，由這間軟體公司的工程師教導福特的程式設計師如何使用敏捷軟體開發。

福特汽車想要我們看到它正在進行巨大的變革，而且它也沒有落於人後。所以這天稍早，我們輪流試乘了福特誓言要在二〇二一年之前開始生產的自動駕駛原型車。現在我們已經進入室內，參加一場營造出類似矽谷會議或蘋果產品發表會氛圍的活動。蒂姆．布朗（Tim Brown），矽谷一間自以為比人更酷的設計公司IDEO的執行長，在走廊上與人交談；福特汽車的幾位高階主管穿著牛仔褲，閒聊談論如何面對變化與破壞；知名TED講者丹．艾瑞利（Dan Ariely）進行了一場TED風格的演講；一名記者上臺訪問菲爾德斯，我也對福特汽車的首席科技長進行類似訪問。

最後，到了駭客松時間。正如主持人所說的，幾個月前，福特對它的二十萬名員工發出挑戰，要求他們發揮最大潛能創造出最瘋狂、最雄心勃勃的發明。在員工提交各自的作品後，福特選出最優秀的三件，也就是我們今天將會看到的作品。為了營造戲劇化的氛圍，福特汽車將駭客松變成了一場競賽，採用真人實境節目《創業鯊魚幫》（*Shark Tank*）的形式，讓創業者對投資人推銷商業理念來募得資金。

我很期待能有精彩創意出現，像是飛行車、能用一桶油跑三百英里的引擎，或長得和亨利．福特（Henry Ford）很像的人工智慧機器人。但結果，其中一件作品就是我先前試用的懸浮滑板，由三名德國工程師所提出，他們建造它做為前往擁擠市中心的交通工具。下一件作品是一名福特工程師發明的一種智慧型手機應用程式，可以用來控制車內收音機與空調，日後有可能進行即時語音翻譯。最後一件作品是福特汽車動力總成部門的工程師所創，叫做「On-the-Go H2O」車上飲水機系統。這傢伙在車子底部安裝一個平底鍋，用來承接空調系統冷凝的水珠，然後在車室杯托的側面安裝一支水龍頭，就像你在牙醫診所裡所看到的那種。冷凝盤收集到的水過濾後，以幫浦送到車室，經由水龍頭裝入塑膠瓶裡。然後，你就可以喝到免費的水。

就這樣。我確信沒有哪個記者在離開會場後，會對福特汽車與矽谷巨頭的對決充滿信心。

「你覺得怎麼樣？」活動結束後，福特公關人員陪我走去停車場時問我。

「我滿喜歡那輛自駕車的。」我告訴他。至於駭客松，我持保留意見。

老實說，我為這些人感到難過。我能理解他們為何想要看起來很新潮，但舉辦這樣一個駭客松只會讓人覺得他們很害怕。我坐在臺下時，創傷後壓力症候群讓我的恐怖經驗瞬間再現，回到我在《新聞週刊》工作的最後幾年，當時雜誌社已經快要倒閉，我們也都知道那是必然的，但卻沒有一個人願意承認此事。我們無法忍受像《哈芬登郵報》（*Huffington Post*）和 **BuzzFeed** 這樣的垃圾網站是熱門新聞，而我們是過時的新聞。每幾個月，我們的執行長就會召集全公司開會，裝作公司正在走上坡，我們也都假裝相信這番說詞。大部分員工都熱愛《新聞週刊》，在那間雜誌社工作是我們的驕傲，我們不願看到它消失。我想，大部分的福特員工也對福特汽車懷有相同的感情吧。

在《新聞週刊》我們犯了兩個大錯：一是太晚開發線上商機，二是在生意走下坡時將資金投入行銷與炒作話題——就和舉辦駭客松的福特汽車一樣——試圖為自己建立新形象，讓人們相信我們正在「重塑」公司，並進行徹底的變革。我們真正該做的是，忘掉行銷、忘掉想透過臉書獲得粉絲，專心在我們的核心事業，也就是新聞工作。我們應該繼續做自己擅長的事。

我想對在福特汽車工作的朋友說的是：去他的駭客松，去他的想變成科技公司或是製造話題！做福特自己。傾全力製造出最好的車子。製造電動車和自駕車，以及任何人們想要的車子。發展你們所需的科技，或是收購那些做得比你們更好的新創公司。但不要停止做福特，因為福特真的很棒。

在我拜訪過後幾個月，福特解僱了一〇%的白領員工，執行長菲爾德斯也被董事會開除。董事長小威廉．福特（**Bill Ford Jr.**）表示，福特開除菲爾德斯是因為公司正面臨「前所未有的變革」，需要「轉換型領導」（**transformational leadership**，或稱變革型領導）。言下之意就是：我們很害怕。一年後的二〇一八年初，福特新執行長詹姆斯．哈克特（**Jim Hackett**）宣布福特大部分的車款將在美國停售，為了省錢，它會將重點放在運動型休旅車上。這訊息是：現在我們更加害怕了。

事實上，到處都充滿了恐懼感。我參加的每一場會議都充斥著恐懼，每一位執行長、顧問與專家的眼中盡是顯露出恐懼。二〇一六年十二月，也就是我參觀福特總部過後三個月，我赴紐約華爾道夫酒店及度假村（Waldorf Astoria）參加一場耶魯執行長高峰會——在這裡，空氣中同樣瀰漫著恐懼的氣息。那是場閉門會談，所以我不能透露會談內容，以及有哪些人出席，不過與會者包括身價數十億美元的執行長、一名前中央情報局局長、多名政府高官、智庫分析師、教授、大型貿易協會的代表，還有幾個經常可以在電視上看到的名嘴。

那場活動的主題是「對破壞的喜悅與絕望」（Delight and Despair over Disruption）。當時唐納・川普剛當選總統但還未就職，我們感覺自己位處歷史的轉捩點，但這不只是與川普當選有關，也與網際網路有關。數位科技已大幅改變了經濟環境的許多部分，未來還有更重大、影響更深遠的改變等著我們。所有人都試著推測未來的走向，然而就連那些引起風暴的大型科技公司執行長，也不知道未來會是如何。現在又多了川普這個未知數，情勢變得更混亂和不穩定，沒有人知道他會不會發動貿易戰，甚至發動真正的戰爭。

要解決日益加劇的收入與財富不平等，以及機器人、人工智慧與自動化技術所帶來的潛在衝擊等複雜問題，就已經夠困難了——但現在，我們還有一個一心想配槍給學校教師、禁止穆斯林入境，並在美墨邊境建築高牆的巨嬰總統。在這個社會與經濟面臨前所未有的變革之際，在第四次工業革命爆發之時，美國人民選出了一個拿著機關槍的黑猩猩。每個人都很害怕，不論是破壞者還是被破壞的。

——「沒有人能幸免於難」

然後到了二〇一七年，各企業腥風血雨的一年。看看股市新聞網 TheStreet.com 是怎麼說的：「執行長們紛紛陣亡。」線上／郵購成衣銷售商 Lands' End 公司、雷夫・羅倫有限公司（Ralph Lauren）與蒂芙尼公司（Tiffany）的執行長都遭開除。玩具製造商美泰兒公司（Mattel）不僅開除了執行長，還特地從 Google 挖了一位行政主管過來，因為有愈來愈多的銷售業務轉移到網路，他們需要一個個有數位經驗的領導者」。

目標百貨在亞馬遜的猛攻下，不得不解僱一整批高階主管，包括負責線上貿易的創新長（CIO）與數位長（CDO）。包裝食品企業家樂氏（Kellogg）、億滋國際（Mondelēz）、可口可樂（Coca-Cola）與通用磨坊（General Mills）都失去（或是開除）了自家執行長，經歷了

《財富》雜誌所謂的「食品包裝產業有史以來最具破壞性和挑戰性的時期」。到處都是，每個產業的大型藍籌股公司都在摸索和掙扎，就像在海嘯中漂浮的玩具船一樣地被拋上拋下。

就連 J. Crew 公司執行長兼董事長米拉德・德雷克斯勒（Millard "Mickey" Drexler），被許多人認為當今最傑出的零售業者，也被證明不是網際網路的對手。德雷克斯勒於二〇一七年辭去職位，並表示他沒意識到網際網路能深深撼動零售業，他對《華爾街日報》說：「我從來沒看過這麼迅速的變化。」

一間全球顧問公司的總裁和我共進晚餐時，對我說：「沒有人能幸免於難。」——顯然他自己也不例外，因為在那次晚餐過後數月，他也被解僱了。

感到恐懼的不只有執行長，基層員工也人心惶惶。二十八歲的社群媒體與編輯製作人凱蘭妮・帕米沙諾（Kae Lani Palmisano）告訴我，她時時刻刻活在被解僱的恐懼中。「真的很可怕。感覺就像腳下的地毯隨時都可能被抽走，我得趕緊找新的工作。這真的壓力很大。」

過去十四個月，帕米沙諾為《今日美國》（*USA Today*）特約錄製美食與旅遊影片，但為了以防萬一，她還是經常更新自己的 LinkedIn 與個人網站內容。「我認識的年輕人都有隨時被解僱的心理準備，」她對我說，「特別是在科技業、數位行銷或新聞業工作的人。」過去七年來，帕米沙諾已經換過五份工作。「每兩年就必須重新找工作，一直換來換去。」她最近結婚了，卻一直不敢生小孩，就是因為她的工作不夠穩定。

——恐懼對大腦的影響

十年前，埃默里大學神經政策中心（Center for Neuropolicy at Emory University）的主任兼神經心理學研究者格雷戈里．柏恩斯著手研究恐懼對人類決策能力的影響。

為此，他設計了一個令人震驚的實驗。

他讓受試者躺入磁振造影掃描儀，透過貼在他們腳背的電極施予造成疼痛的電擊，同時用磁振造影記錄他們各個腦區的活躍程度。柏恩斯表示，這基本上就是人類版本的史金納箱。你可以回想一下第一章，柏恩斯就是認為「工作感覺愈來愈像史金納箱」的那個人。

有三十二個人簽下同意書，讓柏恩斯等研究者把他們做為實驗鼠。他讓每個人事先設定自己所能忍受的最大疼痛範圍，然後對他們施予電擊，同時掃描他們腦內的情況。研究者並未有規律地施予電擊，所以受試者不曉得自己什麼時候會被電，只能躺在那裡默默等待。兩次電擊之間的空檔也許是一秒鐘，也可能是三十秒。

柏恩斯發現，人們遭受幾次電擊後，大腦會在電擊**之前**就開始活躍起來，顯然疼痛的**預期心理**與真切的疼痛同樣可怕。

柏恩斯在實驗中加入一個環節，讓受試者選擇要馬上接受較大的電擊（意味著他們可以掌控被電的時間），或是選擇等待但較輕的電擊。大部分受試者都選擇立刻接受較大的電擊。這顯然是個錯誤的決定，多痛不如少痛。

柏恩斯得到的結論是，人在害怕時基本上無法冷靜思考。「恐懼——無論是疼痛或丟了工作——會對決策能力造成奇怪的影響。當我們被恐懼沖昏頭時，我們會無法專注在任何事情上，除了自保。當大腦的恐懼系統被啟動，探索與冒險功能就都被關閉了。」他寫道。

柏恩斯的實驗室在亞特蘭大，我前去拜訪他，問起那次實驗與人們對失業的恐懼是否有關聯。他告訴我，兩者確實有關聯，而且在二〇〇八年經濟衰退後這個現象特別明顯，人們害怕失去飯碗，害怕自己一生的積蓄在股市化為烏有，因為恐懼於是做出「次佳」的選擇。

「如果你生活在失去工作的恐懼中，那麼你所有的決定與行動都會是為了保住工作，而不是承擔風險。」他告訴我。但實際上，這完全是錯誤的做法。柏恩斯表示，在不穩定的時期，「冒險嘗試新事物其實對你比較有利，但當你害怕失去工作時，便很難放手一搏。」

柏恩斯表示，對許多人而言職場真的很像史金納箱，就像老鼠一樣在伯爾赫斯・弗雷德里克・史金納的籠子裡盲目地亂闖，試圖找出獲得獎勵、避免懲罰的方法。「這感覺很像你被關在箱子裡，沒辦法控制發生在自己身上的事，」柏恩斯說，「掌控權在箱子外的研究者手上。於是你學會了把箱子的某些地方與好的和壞的事情聯繫起來。」心懷恐懼的白老鼠只能專注於一件事：如何逃出箱子，不要再被電擊。

柏恩斯的磁振造影掃描實驗，或許能解釋大公司的執行長擔心公司倒閉、擔心自己得承擔責任時，為何會做出一些瘋狂的事情，例如舉辦駭客松、進行大規模收購，或是妄想一家有三十萬名員工的大公司能夠把自己轉型成「新創公司」，甚至在沒有科學證據證明敏捷軟體開發有效的情況下，強迫員工實施敏捷。

充滿恐懼的公司會做出錯誤的決策，無論如何，執行長們必須找出應對威脅的方法，而不是被恐懼所驅使。同樣的道理也適用於恐懼的員工，生活在恐懼中的人沒辦法把事情做到最好。柏恩斯實驗給我們最明顯的教訓是，如果一間公司要提升員工的生產力、鼓勵人們發揮創意產生驚豔的點子，首先要做的就是讓員工安心。把更多的錢花在員工訓練上，薪資稍微高一點，提供健保與工作有保障，以及消除工作可能隨時不保的恐懼。

但在接下來的幾章，你會發現許多公司的做法都與此背道而馳。

第一部 苦痛迷宮———誰怕矽谷？

PART TWO
FOUR FACTORS OF WORKPLACE DESPAIR

第二部——
職場絕望的四大因素

第五章——打造未來人才（或是：抱歉，你老了，快離職吧）

該怎麼做才能讓白老鼠感到憂鬱？聽起來像是在開玩笑，但這確實是科學家們必須回答的問題。他們的主要目的是，先在這些齧齒類動物身上測試新的抗憂鬱藥物，然後再在人類身上試驗這些混合物。但既是測試抗憂鬱症藥物，就需要有憂鬱的受試者。事實證明，有一種簡單又有效的方法能讓動物變得憂鬱：對牠施予輕度壓力，持續一段時間，牠就會憂鬱了。看吧，你製造了憂鬱！

科學家所謂的不可預期慢性輕度壓力（unpredictable chronic mild stress, UCMS）包括：對老鼠的生活環境做些小改變，像是把老鼠放入新的鼠籠，這可能還是之前別隻老鼠住過的籠子；科學家也可能讓鼠籠稍微傾斜、改變老鼠生活環境的明暗週期，或將其他老鼠用過且在上頭便溺過的鋪料或木屑拿給牠用；他們會播放十分鐘的掠食鳥類鳴叫聲，或將老鼠放入管柱狀的固定器裡十五到三十分鐘，再放牠出來。這些變化必須隨機且頻繁，讓老鼠無法適應新環境。

不用剝奪老鼠的食物或飲水，也不用在牠的身體上施予疼痛；沒有進行任何危及性命的事情，牠沒有遭受真正的危險——只是稍微改變環境，以及給予輕度壓力。就這些，這麼簡單。

不到幾個星期，實驗鼠就陷入了一種類似人類臨床憂鬱症的狀態。牠們開始變得精神委靡、昏昏欲睡；牠們不再清理自己，毛都打結了；牠們不再築窩，不再使用滾輪，對尋找餅乾等食物失去興趣。（科學家稱此種狀態為「乏樂」〔anhedonia〕，也就是興趣動機缺乏。）老鼠體重會增加，牠們會出現絕望的徵象、無法果斷地做決定，經歷睡眠障礙。牠們呈現出免疫系統失調、海馬迴與杏仁核出問題，以及皮質醇（cortisol）分泌過多，而人體內的皮質醇濃度，與心臟病及憂鬱症相關。

當我聽到這種齧齒類動物壓力實驗時，大為震驚。在我看來，這一切與愈來愈多人因工作所受到的影響驚人地相似。我們沒有身體上的危險，卻處於頻繁地隨機變化中，缺乏隱私與熟悉感，還要面對蔓延進我們生活環境的糟糕且令人不安的科技。

西維吉尼亞大學（West Virginia University）一篇新的實驗鼠研究顯示，長期壓力會讓血管功能異常，以致體重正常的動物，血管狀態卻與過胖的動物相去不遠。其中一位研究者告訴我，這些研究結果與現代勞工有直接關聯。匹茲堡大學博士後研究員伊凡・德瓦蘭斯（Evan

DeVallance）表示，壓力過大的勞工「會增加罹患心血管疾病、高血壓、中風、心臟病與心血管死亡率的風險」。

想想看，大公司是如何地急於採用敏捷開發與精實創業，改變人們的工作地點與方式，強迫員工接受新常規，還把員工擠進充滿壓力的新環境中，例如嘈雜（有時還飄著異味）的開放式辦公室裡工作。想想看，我們是如何地工作更長時間，工作時間卻不可預測，以及我們是如何地擔心自己被解僱，並為健保與退休金煩惱。想想看，有多少次你聽到同事說：「唯一不變的，就是改變。」

稍微定睛看，你會發現這一切就像是人類版本的不可預期慢性輕度壓力實驗。我們在第一章提過，現代人愈來愈常使用抗憂鬱藥物，自殺率也逐年攀升，這是否和工作造成的巨大壓力有關？會不會還有其他的健康問題？

在本書第二部分，我將深入探討造成勞工不快樂的四種因素：金錢、不安全感、改變，與去人性化（**dehumanization**，或稱非人化）。此外，我也會探討矽谷與網際網路是如何促成這四種因素。

為什麼我們現在會有這麼多的混亂與劇變，以及伴隨著討論企業再造、「變革計畫」，而突然出現的工作坊、課程、角色扮演遊戲等這麼多的活動？這有一部分是因為恐懼所致，害怕被消滅的公司急得像熱鍋上的螞蟻四處亂竄，試圖翻轉局面並改造自己。

不知道這所有的混亂與憤怒，是否也是一種分散注意力的方式，一種讓我們驚恐地忙得不可開交的雜耍，以至於我們沒有注意到公司是如何不斷地侵蝕勞工與資方之間曾經存在的協定。讓勞工參加樂高工作坊，把他們安排到新的辦公室做事，提供他們零食、桌球與冥想室等，來分散他們的注意力，再用任務、目標、「改變世界」等花言巧語轟炸他們，也許他們就沒空抱怨薪水被砍、福利減少、退休金被挪用他處，以及他們工作不再有保障。也許，這一切都只是企業耍的把戲，讓你專注在魔術師手中的撲克牌，沒注意到手錶被他偷了。

想想IBM的情況吧。IBM正在對三十六萬六千名員工進行敏捷訓練——但在過去的二十年裡，IBM也一直在壓榨勞工。IBM的大規模敏捷方案，從二〇一五年開始，需時四年，花費數億美元。至目前為止，受過訓練的IBM員工已經超過二十萬人。IBM的意圖遠不只是教軟體工程師如何快速寫程式而已，IBM想透過將敏捷應用在業務、行銷等所有面向上，徹底改寫公司的DNA。二〇一七年七月，人力資源副總山姆．拉達（Sam Ladah）在一篇部落格文章中寫道：敏捷將成為「企業轉型的引擎」，還說敏捷將幫助IBM打造「未來的人才」。

打造「未來的人才」是公司精明的鬼話，實際上掩藏了IBM使用敏捷的另一個目的：擺脫公司不要的員工。作為「企業轉型」的一部分，IBM在美國六座城市設立了新的「敏捷基地」（Agile hub），這幾間辦公室都有新潮的裝潢、併成團的辦公桌，Quartz 新聞網把它描述為「情境喜劇版的『敏捷辦公室』」。

然後，IBM對在家工作的數千名員工宣布，他們從現在開始必須到敏捷基地上班，也可以選擇自行離職。問題是，有許多員工住得離敏捷基地非常遠，為了保住飯碗，他們必須賣掉房子、舉家搬遷。我不知道有多少人選擇辭職，不過拉達在部落格寫道，以後到敏捷基地上班而非在家工作的員工大約有五千人。而根據《華爾街日報》的報導，IBM的員工有大約四〇%不是在傳統的辦公室工作。

IBM之所以有這麼多的遠距工作者，是因為多年來公司一直**鼓勵**員工在家工作，如此IBM才能省下辦公場所的相關費用。現在，IBM讓員工重新回到公司裡工作，取消了在家工作的福利，並裝出大公司特愛的那種虛假笑臉宣布：「該是進展到第二幕——**獲勝**——時候了！」IBM行銷長蜜雪兒・培魯索（Michelle Peluso）以此為郵件主題，寄給五千名行銷人員，通知他們終止在家工作政策的這一決定。當員工看到看到這一訊息時，並沒有為「**獲勝**」而歡呼，許多人大受衝擊。據報導，這一宣布在IBM公司裡掀起了軒然大波。

在實施敏捷開發方法前二十年，IBM緩慢且持續地掠奪員工，以將財富送到高層主管與華爾街投資人手裡。前《華爾街日報》記者艾倫・舒爾茨（Ellen Schultz）在她二〇一一年出版的《搶劫退休金》（*Retirement Heist*）一書中，寫道：一九九〇年代，ＩＢＭ在執行長路・葛斯納（Louis Gerstner）的治理下，挪用員工退休基金，一部分用於提升公司收益。舒爾茨表示，除此之外，ＩＢＭ還大幅削減退休員工的健康福利，來「產生新的會計利潤，讓公司在接下來的幾年裡增加收入」。一九九三年，葛斯納負責公司有史以來最大規模的裁員，遣散了六萬名員工。

裁員事件九年後的二〇〇二年，葛斯納帶著價值一億八千九百萬美元的資遣費，輕鬆地離職了。而根據金融市場監督網站 Footnoted.com 的報導，ＩＢＭ二〇〇二年到二〇一二年的執行長山姆・帕米沙諾（Sam Palmisano），最後帶著價值兩億七千萬美元的資遣費離去。ＩＢＭ的現任執行長吉妮・羅梅蒂（Ginni Rometty）在二〇一六年賺了三千三百萬美元。

過去幾年，羅梅蒂忙著解僱員工，特別是老員工。根據非營利媒體 ProPublica 於二〇一八年三月的報導，ＩＢＭ在二〇一四年與二〇一七年這段時期，開除了三萬名美國員工，其中兩萬人年過四十。ProPublica 還表示，ＩＢＭ「藐視或打擊旨在保護職涯晚期的勞工免受年齡歧視的美國法律章程」。ProPublica 後來在較新的報導中表示，美國平等僱用機會委員會（U.S. Equal Employment Opportunity Commission）已開始調查此事。

值得注意的是，IBM在二〇一二年至二〇一七年間開除了大量美國勞工，賺得一筆可觀的利潤，實際上產生了九百二十億美元的現金，這筆錢到哪裡去了？華爾街桑福德柏恩斯坦（Sanford Bernstein）研究機構的分析師薩科納奇（Toni Sacconaghi）表示，IBM將大部分的錢——大約八〇%——都以紅利與股票回購的形式分給了投資人。薩科納奇表示，IBM可以用那筆錢收購其他公司，或推出新產品、新業務，卻把錢用來救他們的股價。回購股票時，IBM減少了流通股份，股份少了，每股盈餘便會提升，每股盈餘提升時股價通常也會上漲。這在短期內對投資人有利，但就長期而言公司還是應該汰舊換新，推出新的業務項目。把錢花在回購股票上，往往表示管理階層認輸了，承認他們想不出任何好主意。

那麼，IBM用來回購股票的錢又是從哪裡來的？一部分是解僱數萬名員工省下的錢，實際上IBM就是把這些省下的薪資用來回購股票以抬高股價。而為什麼要這麼做？因為高層主管的薪水與股價息息相關。可惜這招不管用，IBM股價在二〇一三年到二〇一八年間，從每股兩百一十三美元跌至每股一百四十一美元。但誰知道如果沒有回購股票，股價是否會跌得更慘？而對管理層來說，這個策略相當奏效。專門為大投資戶出謀劃策的機構投資人服務公司（Institutional Shareholder Services）表示，IBM董事會在二〇一七年支付給羅梅蒂的總薪酬（含股票總值）價值五千萬美元，而且這還不是首例。羅梅蒂在二〇一六年一月笑納四百五十萬美元紅利時，作家麥可．西爾吉克（Michael Hiltzik）一篇發表在《洛杉磯時報》（*Los Angeles Times*）文章中寫道：「IBM的執行長為如何化失敗為財富寫下了新的篇章。」但還好啦！我們來談談敏捷，以及未來的人才！我們來想想如何把IBM變成新創公司！

你瞧，這就是他們的把戲。

IBM並非唯一一家虧待員工的公司，包括奇異、威訊無線（Verizon）與AT&T等家喻戶曉的大公司，都在一九九〇年代挪用員工退休金。舒爾茨在《搶劫退休金》一書中寫道：「想盡辦法把原本準備給數百萬名員工的數千億退休金與退休福利，轉到公司的金庫、股東，以及他們自己的口袋裡。」

網路經濟泡沫在一九九九年到達顛峰，多年來股價持續高漲，許多大公司都坐擁鉅額退休基金——總共有超過兩千五百億美元，其中奇異公司的超額資產有兩百五十億美元，威訊無線則有兩百四十億美元。這意味著，這些公司即使不再將錢投入退休基金，在接下來的數十年裡，還是足夠支付所有員工的退休金。公司原本就不該動用退休基金，但它們還是想盡辦法將這筆錢用來提高公司收益。到了二〇一一年，威訊無線兩百四十億美元的盈餘消失了，其所執行的計畫還有六十五億美元的缺口。舒爾茨的報告指出，到二〇一一年，奇異兩百四十億美元的盈餘變成了一百三十億美元的赤字。這只是剛開始。到了二〇一七年，奇異的退休金赤字已將近三百億美元，波動幅度超過了五百億美元！

這筆錢到哪裡去了？有些基金在二〇〇八年與二〇一一年的股災虧了錢，但公司也開始拿退休基金的錢去支付諸如退休人員的健康福利等，過去由營業預算支出的費用。（公司使用退休基金支付這些費用，在損益表上就能省下這筆費用，從而提高季度收益。）另一種獲得被認為不可侵犯的退休基金的方法，是將某個事業單位連同剩餘的退休金打包出售；作為交換，買方必須支付更高的銷售價格。換言之，這筆交易實際上是讓賣方將退休金轉換成能用於增加收益的現金。

挪用多餘的退休金只是冰山一角，公司還開始砍退休福利，絞盡腦汁收回當初承諾給員工的退休金與福利。其中一個手法是更改計算退休金的方式，另一種則是改用現金餘額退休金計畫（cash-balance plan）或401(k)計畫。

舒爾茨的著作揭露了令人作嘔的真相，描述大公司高層如何與福利顧問合謀刪減員工退休福利，並以謊言讓員工轉換到新的退休福利計畫，而這些新計畫如此複雜，以至於大多數員工都沒有意識到自己被騙了。一九九八年一場會議上，福利顧問公司華信惠悅（Watson Wyatt，二〇一〇年與韜睿合併為韜睿惠悅）的會計師表示：「直到他們準備退休了，才明白自己能領到的錢有多麼少。」舒爾茨在書中寫道，那名會計師的話，引起現場眾人一陣大笑。

ＩＢＭ使用了許多伎倆，先是更改退休福利的計算公式，接著在一九九五年改用「退休金權益計畫」（pension equity plan），在一九九八年又改用現金餘額退休金計畫，後來ＩＢＭ又以一次性支付退休金或資遣費的方式來節省支出。舒爾茨寫道，一直以來，ＩＢＭ都在利用退休基金作為增加公司收益的資金。舒爾茨說，在一九九九年時，ＩＢＭ有七十億美元的退休基金盈餘，到了二〇一七年，ＩＢＭ宣布將投入五億美元到退休基金裡，但這麼做還是無法達到應有的金額。

掠奪人們的退休金，只是剝奪勞工權益的這一更大計謀的手法之一。在接下來的四章，我將討論導致勞工絕望的四種因素：金錢、不安全感、改變與去人性化。

我會先從金錢說起，因為想知道人們為什麼痛苦，先看看他們的錢包是最好的方法，你會發現錢包裡的景況令人沮喪。

第六章——金錢：「光速垃圾」

二〇一八年二月的某一天，六十一歲的出租車司機道格．施夫特（Doug Schifter）停在紐約市政廳門前，用散彈槍朝自己的臉上開槍自盡。數小時前，施夫特在臉書貼了一篇長文，說明他這麼做的理由。他說，他過去在紐約開禮車，生活過得還不錯，當司機賺的錢足夠他在波科諾山外圍買一棟房子。然而，近年優步與 Lyft 叫車服務平臺興起，更多新司機加入載客行列，以致所有人的費率都急遽下跌，低到無法以開車維生。施夫特每天工作十七小時，有時候一個小時只賺四美元。他負債累累，拖欠了房貸還款，面臨失去房子的危險。「我已經破產了，」他寫道，「我不再為幾個零錢而拚命工作，我寧可去死。」

矽谷十分推崇零工經濟（gig economy），聲稱這是能創造數百萬就業機會的新產業，但是零工經濟創造的工作機會多半都不好。同時，零工經濟公司會威脅到既存的產業——Airbnb 和旅館搶生意，優步與 Lyft 傷到了赫茲（Hertz）與安維斯（Avis）等汽車租賃公司，甚至對計程車與出租車的生意趕盡殺絕。名嘴總愛提到「創造性破壞」（creative destruction），把它說成很抽象的概念，但是看到一名司機把車停在市政廳門口，一槍轟爛自己的腦袋，提醒了我們，這所有的改變以及所謂的進步，對現實中的人類而言代價高昂。《紐約時報》的報導寫道，施夫特「不是零工經濟的參與者，而是它的受害者」。

受害者不只他一個人，紐約的計程車司機與禮車司機紛紛破產，不是失去自己好不容易買到的房子，就是被房東逐出公寓。根據《紐約時報》的報導，二〇一三到二〇一六年間，紐約計程車司機年平均預約次數下降了二二%，紐約計程車牌照的價值從超過一百萬美元跌至不到二十萬美元，跌幅達八五%。

施夫特自殺後幾個月內，紐約又有四名司機自殺。工會組織了抗議行動，將四口棺材擺在市政廳門外，請求市政府管制共乘租賃業者。「我們受夠了，我們不想再讓兄弟死去。」工會理事長表示。

二十年前，名嘴堅信網際網路將以各種方式來改善這個世界，從完善民主到拯救地球，最重要的是財務影響。在網路經濟第一次起飛那段令人振奮的日子裡，股市飆升，人們沉醉於網路的神奇力量中，《連線》雜誌創刊主編凱文・凱利（Kevin Kelly）聲稱網路將帶來「超繁榮」

（ultraprosperity）的數十年，「充分就業……以及提高生活品質」，我們將進入他所謂的「興旺的零串」（the roaring zeroes）大景氣時代，並表示：「好消息是，你很快就會成為百萬富翁；壞消息是，其他人也一樣。」凱利預言比爾·蓋茲會成為身價數兆美元的超級富豪，或許在二〇〇五年就能達到那個境界，而美國家庭平均收入將在二〇二〇年升至十五萬美元，就算是普通人也能擁有私人廚師，並有六個月的休假。

然而，壞脾氣的管理大師湯姆·彼得斯（Tom Peters）的預言較準確，他曾焦慮地說：「我擔心全球經濟會以光速變成一堆垃圾。」彼得斯說對了，就連當初建立網路經濟、受益於網路經濟的那些人，也開始擔心自己創造了一頭怪獸。臉書共同創辦人克里斯·休斯（Chris Hughes）表示，新經濟「會繼續破壞人們的工作」，並在二〇一八年出版的《公平的機會》（*Fair Shot*）一書中主張，政府應該提供全民基本收入——實質上是對失業民眾的一種救濟——而這些錢由對排名前一％的富人徵稅來挹注。

四種因素中的金錢問題，總結來說，在網路狂潮興起過後二十五年，我們沒有變成百萬富翁；事實上，恰恰相反，大部分的人都過得比二十五年前還糟。

美國貧富不均的問題已經嚴重到堪比一九二九年經濟大恐慌（Great Depression）前的狀態。雖然貧富間日益擴大的差距並不能完全歸咎於科技，但科技確實扮演了關鍵角色。不說別的影響，網際網路加速了既存的反勞工行為，就像是企業不良行為的渦輪增壓器。矽谷創投家比爾・戴維多（Bill Davidow）甚至於二〇一四年一篇刊登在《大西洋》（*The Atlantic*）雜誌的文章中寫道，網路已經「是人類史上最大且合法的不平等促進者。」

數十年來，實質工資（real wages，納入通貨膨脹因素調整後的實際薪資）不見增長，甚至在下滑。青年維權團體「青年無敵」（Young Invincibles）於二〇一七年發表的一篇研究結果顯示，現在年輕人的收入和父母輩在同年齡時的收入相比，少了二〇%。經濟確實有成長，但其所帶來的利益幾乎都屬於收入最高的少部分美國人，而其他人只能拿到他們的零頭。美國民調機構皮尤研究中心（Pew Research Center）二〇一五年的一篇研究顯示，在一九七〇年，中等收入戶的家庭總收入占全美六二%，但到了二〇一四年，這個比例降到了四三%，同一時期高收入戶的家庭總收入從原本的二九%，升至四九%。在二〇〇〇年與二〇一四年之間，中等收入戶收入的中位數降了四%，他們的財富（扣除債務的資產）在二〇〇一年到二〇一三年間少了二八%。總而言之，美國的中產階級正在萎縮——根據皮尤研究中心的數據，一九七一年中產階級占全美人口的六一%，到了二〇一五年，中產階級人口只剩五〇%。

直到唐納・川普當選總統，人們才真正被喚醒。二〇一七年一月，總統大選幾個月後，川普正式就職前，參加達沃斯（Davos）世界經濟論壇（World Economic Forum, WEF）年會的菁英都在談論收入不平等的問題，世界經濟論壇本身也認為收入差距擴大對全球經濟是一種威脅。一些人認為，川普的當選是種警訊，是資訊時代受害者的強烈抗議。英國經濟學家蓋伊．史坦丁（Guy Standing）宣稱：「世界各地的人發覺自己位處底層，他們生氣了。川普的當選可能只是個開始。」史坦丁用「殆危階級」（precariat，或稱不穩定無產者）一詞形容缺乏穩定工作或可預期的收入，並因此內心痛苦不堪的新階級。

當經濟學家與政府官員不知所措時，一些億萬富豪與科技領袖決定親自處理問題。不過，他們不是想辦法解決問題，而是為川普可能引發的災厄——內戰、無產階級起義、權力版圖瓦解、經濟崩潰——制定逃亡計畫。記者歐逸文（Evan Osnos）二〇一七年在《紐約客》雜誌發表的文章〈超級富豪的末日準備〉（Doomsday Prep for the Super Rich）寫道，富人們開始儲備槍枝、食物、黃金與比特幣。有些人則是建造「避難所」——遠赴紐西蘭等地方建置武裝基地，他們能在那裡安然度過災難。科技業寡頭彼得．提爾就是在紐西蘭建避難所的富豪之一，他甚至取得了紐西蘭公民身分。億萬富翁與創投家雷德．霍夫曼告訴歐逸文：「說你『在紐西蘭買了房子』，就像一種眨眨眼，不須多說你就心領神會的密語。一等你用共濟會的方式和他們握完手，他們會開始說：『喔，你知道的，我認識一個在賣老舊洲際彈道飛彈地下發射室的仲介，而且這些地下室都經過輻射加固處理，住在裡頭感覺應該很有趣。』」霍夫曼估計矽谷億萬富翁中有「超過五〇%」建了某種末日避難所。堪薩斯州有個企業家將老舊的地下飛彈發射室改裝成避難地堡，每一間地堡公寓要價三百萬美元，沒過多久就販售一空。

兩兆美元的騙局

尼克・漢豪爾（Nick Hanauer）出生自富裕人家，他們家在西雅圖經營家族企業，後來漢豪爾在科技業賺了更多錢。他在一九九七年創立了 aQuantive 數位行銷暨服務公司，十年後他以六十億美元，將公司賣給了微軟。不過他之所以富有，主要是因為他的一場投資，這也許是過去一百年來最聰明的一場賭注。漢豪爾在一九九〇年代早期，認識了一個名叫傑佛瑞・貝佐斯的年輕書呆子，成了亞馬遜的第一個投資人。

不同於其他億萬富豪，漢豪爾的興趣不是創立太空探險公司或購買私人島嶼，而是為勞工階級爭取權益。他說，二〇〇八年某一天，他在仔細研讀美國國稅局（Internal Revenue Service）的數據資料（這個興趣是不是很酷？），看著總收入比例隨時間推移的變化，突然有種頓悟。

一九八〇年，收入位居前一%的人，其收入占全美總收入的八・五%，到了二〇〇八年，那個數字急遽上升至二一%。同一時期，收入位居後段者賺的錢，從全美總收入的一七%降到一二%。

漢豪爾看了，猛然驚醒。「我把資料輸入試算表，假設美國按照當前的趨勢持續發展三十年，」他告訴我，「不用多聰明也看得出這是不可持續的，再這樣下去國家一定會垮掉。」他呼籲其他位居前一%的富豪不要再無視問題或逃避問題，而是要想辦法解決問題。這很公平，因為問題是他們所製造出來的。漢豪爾開始寫書、寫文章、發表演說，並遊說政客用政策——例如提高最低工資——扭轉貧富愈發不均的趨勢。漢豪爾在二〇一四年發表了一篇慷慨激昂的文章，〈憤怒與不滿正朝著我們這些富豪而來〉（The Pitchforks Are Coming for Us Plutocrats），他警告世人，只要我們繼續沿著這條路走，最終必會有數百萬名不穩定無產者發動革命。「有高度不平等的社會，就會有警察國家，或是群眾暴動。沒有反例。」他寫道。

而且，漢豪爾認為民眾的群起暴動絕對有理由，因為他們是史上最大騙局的受害者。據他所說，每年該流往勞工的兩兆美元，都被富人搶走挪為他用。

兩兆美元這個數字是怎麼得來的呢？首先，公司開始砍員工薪水，把這筆錢留給自己。美國商務部經濟分析局（U.S. Bureau of Economic Analysis）的資料顯示，四十年前，美國的國內生產毛額（ＧＤＰ）有五二％是薪資，而現在，薪資只占ＧＤＰ的四六％。美國現在的ＧＤＰ大約是十七兆美元，這六％的波動，意味著每年從勞工身上偷走了一兆美元。

這四十年間，企業收益上漲了六％，一九八〇年企業收益占美國ＧＤＰ的六％，現在已上升至一二％。簡單來說，公司吸納了原本應該給付給勞工的六％經濟分額，挪為自己公司的盈利。

這還只是兩兆美元的一半，另外一兆美元之所以消失，是因為不僅本該以薪水形式支付給勞工的比例減少了，勞工從那當中分得的錢財也減少了。四十年前，正職員工（指收入較低的那九九％的僱傭勞動者）拿到的薪資占全國薪資總額的九二％，而今天的正職員工只拿得到全國薪資總額的七八％，那一四％的差距就是每年被搶走的另外一兆美元。

那麼，這些錢到哪裡去了？全國薪資總額的二二％，現在都給了收入最高的那一％的人，而四十年前這群富豪只拿薪資總額的八％。

「全部加總起來，你會發現從前普通勞工每年能得到的兩兆美元，現在都收入有錢人的口袋裡了。」—漢豪爾表示。

如果把這兩兆美元均分給全美一億兩千五百萬名的全職勞工，每個人每年都能多領一萬六千美元。現在的全職勞工平均一年賺約四萬四千美元，這額外的一萬六千美元代表可加薪三六%。對中等薪資勞工而言，這筆意外之財將使他們的薪水加倍。這可不是件小事。

這等於是公開行搶，只不過事情發生得十分緩慢，以致大部分人都沒注意到自己的錢被搶了。但大部分的美國人都明顯感受到，現在生活愈來愈辛苦，也快支付不起各種帳單。有些人把此現象歸咎於個人運氣與職業選擇，但結果顯示這個不幸是全面性的，這點燃了人們的怒火。「我們正處於一個貧窮的循環中，」漢豪爾表示，「人們被激怒了，而他們有權利憤怒。」

那麼，企業如何有辦法在肆無忌憚地奪走美國勞工的薪水後安然脫身？所有事情的開端，要從半個世紀前的一九七〇年，經濟學家米爾頓·傅利曼（Milton Friedman）在《紐約時報雜誌》發表的一篇文章，〈企業的社會責任就是增加自身的利潤〉（The Social Responsibility of Business Is to Increase Its Profits）說起。

這篇文章的標題相當無趣，但卻是少數對如此多人造成如此大傷害的文章。

——米爾頓．傅利曼偷了你的退休金

傅利曼曾任芝加哥大學經濟學教授，還可能是二十世紀晚期最具影響力的經濟學家之一。他是個自由意志主義者與自由市場支持者，相當仰慕撰寫《源泉》（*The Fountainhead*）與《阿特拉斯聳聳肩》（*Atlas Shrugged*）的怪異小說家艾茵．蘭德。他曾擔任隆納．雷根（Ronald Reagan）總統與其他世界領袖的顧問。傅利曼於一九七六年榮獲諾貝爾經濟學獎，並訓練出一代又一代經濟學家，將他的想法散播至其他大學與商學院。

傅利曼在《紐約時報雜誌》那篇知名的文章中寫道，企業經營者的目標只有一個，就是為股東獲取最大的利益。傅利曼寫道，執行長不該為「提供工作、消除歧視或避免汙染環境」而操心。公司的高階主管沒有為所欲為的自由，他們只是股東僱用的員工。如果他們是在閒暇時間，用自己的錢做慈善工作，那是沒問題的。但在工作時，他們必須責無旁貸地為股東獲取最大利益。

當時傅利曼已經因一九六二年出版的全球暢銷書《資本主義與自由》（*Capitalism and Freedom*）而聞名，他在該書中表示，政府應該減少干預，讓自由市場自己解決問題。他在一九七〇年發表的文章，更進一步表示：政府不僅不應該干涉企業，企業也不該覺得自己有義務執行社會責任。

實際上，每間公司都有多方利益相關者——顧客、員工與社會大眾。與股東資本主義（shareholder capitalism）相反的是利益相關者資本主義（stakeholder capitalism），它主張公司的服務對象不應僅限於股東，而是應該含括顧客、員工與社會等構成成分。美國前勞工部長羅伯．萊克（Robert Reich）在二〇一四年一篇文章中指出，在傅利曼成名前的年代，利益相關者資本主義被人們視為良好的概念。萊克寫道：「嬌生公司曾公開聲明，它的『首要責任』是對病患、醫師與護理師負責，而不是股東。」萊克並引用紐澤西標準石油公司（Standard Oil of New Jersey）董事長法蘭克．亞伯拉罕（Frank Abrams）在一九五一年的公開聲明：「管理階層的工作，是在各方利益相關者——股東、員工、顧客與社會大眾——的訴求之間維持公平的平衡。」然而，不久後將成為諾貝爾獎得主的經濟學大師米爾頓．傅利曼，卻表示執行長不該關心員工或社會，還寫道，那些為員工與社會操心的執行長在「鼓吹純粹的社會主義」。社會主義！驚！毛骨悚然！但人們很快便接受了傅利曼的學說，並視為經營事業的正確方法。被灌輸了這種思想的新一代工商管理碩士，紛紛進入業界成為一九八〇年代垃圾債券（junk bond）、融資收購（leveraged buyout，或稱槓桿收購）與敵意併購（hostile takeover）狂潮的推動者。

當然，華爾街喜愛傅利曼學說，因為根據傅利曼的說法，他們才是唯一重要的人。傅利曼的論調對各家公司的執行長而言，工作也變得簡單許多，他們只要擔心如何達成季度目標及提高股價。此外，執行長們還找到了從這種安排中得利的方法，他們所要做的就是將他們薪酬與股價掛鉤，然後想辦法讓股價飆升。

讓股價上漲的方法非常多，不幸的是，大部分方法都與壓榨勞工有關。你可以挪用退休基金，和那些退休後必須靠這筆錢過活的人搶資源。你可以砍員工福利，幫員工保廉價健保，以及逼他們每月多繳一部分保費。你也可以遣散勞工，把工作外包到印度和中國。

其中最簡單的方法，就是減薪。根據《哈佛商業評論》雜誌的報導，自一九七〇年——傅利曼發表文章那年——以來，普通勞工的時薪每年只成長了〇．二％。在一般情況下，生產力提升，勞工薪資也該跟著上漲，二戰後的美國便是如此，直到傅利曼的文章改變了這個趨勢。美國經濟政策研究所（Economic Policy Institute）的數據顯示，在那之後，儘管生產力成長了七五％，薪資卻只成長九％。中等收入的勞工薪資幾乎沒有長足，只多了六％；衝擊最嚴重的是低收入勞工，儘管生產率持續飆升，他們的薪資竟下降了五％。

過去，勞工能透過工會守住薪資，但從一九八〇年代開始工會會員人數與工會密度急遽下降，部分原因是立法改革。在今天的美國，只有一一％的勞工加入工會，相較於一九八〇年代初期少了一半。勞動歷史學家雷蒙・霍格爾（Raymond Hogler）表示，勞工運動（labor movement）是「負責讓勞工階級與中產階級過上好日子的組織」。但現在，過去促進勞工運動的集體主義（collectivism）本能，開始出現一種文化上的轉變。在二〇一七年的蓋洛普民意調查中，近半的受訪者表示，他們預期工會在未來幾年將變得更衰弱，並失去影響力。

然後，網際網路普及化，所以事情都加速了，就像《星際大戰》（*Star Wars*）中的飛船以光速前進。原本就信奉傅利曼信條，致力於剝削勞工、壓低薪資的公司，現在有了更強大的新武器：外包。到了二〇〇〇年，我們擁有能夠快速全球連結、自由通訊的軟體，以及每十八個月就會翻新一次的電腦效能，於是資訊科技與後勤工作轉移至印度，生產製作外包到中國。二〇〇〇年到二〇一六年間，印度的GDP翻了五倍，中國的GDP從一兆美元飆漲至十一兆美元，而同樣的十六年間，美國的GDP只成長了三三%。

巧合的是，我很早就看到了外包的發展趨勢。二〇〇一年，傑夫・伊梅特剛當上奇異公司的執行長，《富比士》雜誌（*Forbes*）派我去採訪他。那時，網路剛起步，網站也非常原始，大部分的人透過緩慢的撥號數據機上網。然而，伊梅特卻已經能夠展望未來，並清楚知道網際網路將變得更完善，而他可以如何將部分業務移到海外。伊梅特興奮地告訴我，他打算將奇異大部分的資訊科技與後勤工作外包到印度，以提高奇異公司的利潤。「網路能讓我們大幅重新調配資源，」他對我說，「這可是大事。」那麼，屆時被遣散的員工又該何去何從？我們沒有討論到這個問題。不過，在接下來的十五年裡，奇異解僱了六萬五千名美國勞工，而且公司似乎特別針對有加入工會的員工，他們占了裁員的三分之一。奇異現今在世界各地的員工人數總和，與二〇〇〇年的人數差不多，大約有三十萬名員工。但是結構已經改變了，二〇〇〇年時，奇異公司有超過一半的員工是美國人，如今美國人只占三分之一。

正如我在第二章所提過的，在許多方面二〇〇〇年是十分重要的轉捩點。美國郵政署（U.S. Postal Service）僱用的人數在一九九九年達到巔峰，當時的員工有將近八十萬人，之後郵政署員工人數開始下降，減少了三六%，只剩大約五十萬人，和一九六七年的規模差不多。製造業也在二〇〇〇年轉了個奇怪的彎，製造業的工作機會從一九八〇年代開始減少，到二〇〇〇年直接一落千丈，美國在二〇〇〇年到二〇一六年間裁掉五百萬名製造業勞工，人數減少了三〇%。

——你沒了工作，那就打零工吧

那些被解僱的工廠勞工、行政人員、中階主管與郵政署員工，後來都到哪裡去了？有些人轉往服務業，如美國勞工統計局（Bureau of Labor Statistics）資料顯示，服務業勞工人數從二〇〇〇年的一億零八百萬人至二〇一七年的一億兩千七百人，成長了一七%。不過近年來，也有很多人踏進零工經濟的世界，成為優步司機或透過 TaskRabbit 生活任務外包公司做些跑腿雜活。零工經濟是矽谷壓低勞工薪資的第二種方法；公司不是聘僱正職員工，而是透過網路集結一批契約員工來完成工作。經濟大衰退也是零工經濟興起的一大助力，因為在二〇〇七至二〇一〇年間——優步與 Airbnb 也在那段時期成立——有八百七十萬人失業，靠打零工維生。問題是，這些勞工失去的工作為他們提供了健保與退休計畫，但零工的薪資極少且無任何福利可言。對消費者而言，諸如優步之類的應用程式非常神奇好用，但對於試圖在零工經濟中謀生的人來說，它並沒有那麼地神奇。

儘管如此，製作線上報稅軟體 TurboTax 的直覺軟體公司（Intuit）表示，二〇一七年美國經濟有三四%屬零工經濟，待到二〇二〇年，這個數字將成長至四三%。麥肯錫顧問公司

（McKinsey）估計全美有六千八百萬名零工經濟「自由工作者」，其中有兩千萬人，即大約三〇%的人，選擇零工經濟的工作型態，並不是因為它具有吸引力，而是迫於無奈不得不的選擇，因為他們找不到薪水更高的正職。

零工經濟模式也逐漸擴及到白領勞工。例如，零工經濟律師以簽短期契約或專案方式受僱於人；WorkMarket，位於紐約的一家新創公司，專門經營平面設計師、文案寫手、編輯與電腦工程師的線上「隨選人力雲」，像美國零售連鎖藥妝店沃爾格林（Walgreens）等大公司會從中僱用契約工，並按件計酬。哇！公司不必聘用全職員工，省下了不少錢。

WorkMarket 強迫勞工互相競爭，他們為了搶到工作，不得不壓低費用，就像是真人版的《飢餓遊戲》（*The Hunger Games*）。零工經濟的市場非常大，有超過兩千家公司透過 WorkMarket 僱用契約工，目前已有多達數十萬名勞工加入 WorkMarket，而且這個數字以每年八〇%的速度成長。

WorkMarket 執行長史蒂芬．狄維特（Stephen DeWitt）表示，他提供的服務能幫助公司更有效率地營運。「沒效率的舊式做法，會被完全淘汰。」他在二〇一六年的一次訪談中說。那到時候誰會遭殃呢？「很多人都會遭殃，這是場大屠殺。」狄維特坦承，事實就是如此。「如果這從哲學上來說嚇著了你，那我只能說聲抱歉。」他說。

我確實嚇著了。這些人所謂「沒效率的舊式做法」，就是勞工的薪水與健保。不要以為網際網路讓使用契約工取代全職勞工變得容易，就表示我們應該這麼做。

——零售業末日

我在前幾章說到零售業的危機，並提及玩具反斗城的破產倒閉。你可能很難相信，在一九八〇年代晚期到一九九〇年代初期，玩具反斗城稱霸玩具銷售業，被稱為「品類殺手」（category killer），是一家實力雄厚、擁有巨大市場影響力的零售商，沒有任何新玩具業者能進入市場與它競爭。一九九七年美國聯邦貿易委員會（Federal Trade Commission）的一名法官說，它是一家企業哥吉拉，肆虐許多地方市場，害許多小玩具店歇業，並脅迫玩具製造商拒絕將產品賣給玩具反斗城的競爭對手。

後來，沃爾瑪與目標百貨開始蠶食玩具反斗城的市場占有率，接著所向無敵的亞馬遜迅速崛起。到了二〇一三年，玩具反斗城開始虧錢，二〇一七年公司申請破產保護（bankruptcy protection），顯然是希望能重組並繼續營運下去。但六個月後，玩具反斗城的管理階層宣布公司將關閉美國最後的三百間店面——三萬三千人將因此失業。

這就是分析師所說的「零售業末日」。網路狂潮來襲，首當其衝受影響的是百視達（DVD租借公司）、淘兒唱片（音樂CD公司）、博德斯集團（書商）與媒體業，讀者紛紛拋棄了實體報紙與雜誌，轉而閱讀網路刊物。然而，與二〇一〇年開始席捲零售業的颶風相比，這根本不算什麼。

除了數千名玩具反斗城的員工失業之外，梅西百貨（Macy's）也解僱了一萬名員工，以及因體育用品零售商 Sports Authority 破產而有一萬六千人失業。總而言之，根據網路媒體《商業內幕》（*Business Insider*）的報導，二〇一七年有超過八千多間連鎖店關門大吉，失業的零售業勞工多達十萬人。

儘管已經如此糟糕，但很快地情況會更加惡化。彭博新聞社在二〇一七年十一月一篇報導中寫道：「如果現在已是零售業末日，那接下來發生的事一定非常可怕。」根據彭博的預測，待暴風雨過去，可能會有多達八百萬人失業，其中大多是低收入勞工。

這八百萬名零售業勞工，以後該何去何從？矽谷裡的那些人總愛將「創造性破壞」掛在嘴邊，這是由經濟學家約瑟夫・熊彼得（Joseph Schumpeter）發揚光大的用詞。從樂觀的角度來看，科技淘汰了舊工作，但也創造更新、更好的工作。舉例而言，工廠員工因機器人而丟了工作，但卻也因此有了去製造機器人的公司工作的機會。

然而，這八百萬名失業勞工不可能全部進到亞馬遜裡工作。亞馬遜是線上零售商，有五十萬名員工，聽起來很多，但其實已經算很少了。亞馬遜的營業收入是沃爾瑪的一半，但員工人數只有沃爾瑪的四分之一——這表示亞馬遜每個員工所創造的收入是沃爾瑪員工的兩倍。

即使剛失業的零售業勞工能在亞馬遜航空物流中心找到工作，他們也不見得想做。你或許會認為，因為亞馬遜以（相對）少量員工賺取了那麼多錢，公司應該會支付這些員工優渥薪資，更何況創辦人暨執行長傑夫．貝佐斯又是身價一千四百億美元的全球首富。你能想像，當你為全球首富工作時可以拿到什麼樣的佳節獎金嗎？

呸，鬼扯淡！貝佐斯是現代史古基（Ebenezer Scrooge）。」

——亞馬遜，矽谷沒良心的公司

位於華府的非營利組織「地方自立協會」（Institute for Local Self-Reliance, LSR）的一篇研究指出，亞馬遜倉儲人員的平均薪資比別家倉儲人員少一五％。俄亥俄州非營利政策研究機構（Policy Matters Ohio）指稱，俄亥俄州有七百名的亞馬遜員工，收入微薄到必須依賴政府補貼的食物券過活。

貝佐斯不只是小氣、吝嗇、一毛不拔，他經營的可說是現代血汗工廠，在那裡工作的人們被高壓、不近人情的管理方式逼迫到了極限——相較之下，整天拿著計時器的腓德烈·泰勒就

---

1. 查爾斯·狄更斯小說《小氣財神》（*A Christmas Carol*）裡的主角，厭惡聖誕節，史古基的姪子對他說聖誕快樂時，他回以：「呸，鬼扯淡！」（Bah, humbug.）。

好像是德蕾莎修女（Mother Teresa）。貝佐斯深愛數據，但對於現實中的人類，其所展現的最好態度就是「漠不關心」。

二〇一一年，賓州一家報社報導，當地的亞馬遜倉儲人員是在沒有空調的倉庫裡辛苦工作，室內溫度已經高達攝氏三十八度。亞馬遜讓救護車在倉庫外待命，並備有醫護人員隨時救治熱昏或累昏的員工。二〇一八年六月，英國的一個工會調查後發現，過去三年，亞馬遜在英國的倉庫叫了六百次救護車，光是英格蘭魯吉利一間倉庫就叫了一百一十五次救護車，一名工會幹部表示，那是「英國最危險的工作場所之一」，而且「亞馬遜應該為此感到羞愧」。工會還表示孕婦被迫每天站十小時從事高體力負荷的工作，還有一名婦女在工作時流產。《商業內幕》報導，亞馬遜堅稱：「我們工作環境不安全的這種說法，並不正確。」

亞馬遜為了壓低勞動成本，運用了各種策略，例如透過分包商僱用勞工，以及強迫勞工當「永久性臨時工」（permatemp），而非正式員工。亞馬遜還利用零工經濟模式來降低運輸成本，讓兼職司機用自己的車、自己付油錢送貨，形式與優步司機差不多。亞馬遜司機的報酬，是以運送件數計算。

在亞馬遜總部工作的白領員工也同樣被剝削。大多數科技公司會給員工股票選擇權（若公司已經上市，就給員工限制股票單位〔restricted stock units〕），並分四年將股份發給員工，所以員工每年會拿到自己那一份的四分之一。然而，記者布萊德．史東（**Brad Stone**）在《貝佐斯傳：從電商之王到物聯網中樞，亞馬遜成功的關鍵》（*The Everything Store*）一書中寫道，亞馬遜則是採延後配額發放，一開始給的股份較少，到約定期限後期才愈給愈多，因此員工在第一年只能拿到五%，第二年拿到一五%，接下來兩年則每六個月得到二〇%。你也許會說，亞馬遜這麼做是為了激勵員工留下。但也可以解釋為，亞馬遜知道在其殘酷的公司文化中，大多數員工都不會待太久，採取延後發放應得的股份配額，可以讓公司支付較少的費用。美國薪資調查網站**PayScale**的一篇研究顯示，在二〇一三年，亞馬遜的人員流動率是《財富》全球企業五百大裡的第二名，每個員工平均只在亞馬遜工作一年。

亞馬遜的倉儲人員不僅薪資低廉，據報導工作環境更是惡劣。他們上廁所不僅被監控還有時間限制；液晶電視螢幕顯示了被抓到偷竊或違規的員工人形剪影，並在人形輪廓剪影上標示「已開除」（**TERMINATED**）或「已逮捕」（**ARRESTED**）等字樣——「這真是一種詭異的嚇阻方式」，一名員工如此對彭博社表示。另一名員工則說：「這就是要讓你知道，你是被監視著的。」員工會被追蹤撿貨時間，嚴格執行時間限制和達成目標額，以致一些人為了節省時間直接尿在寶特瓶裡。二〇一五年，英國的一個工會聲稱，亞馬遜員工因工作壓力導致身心都生病了，工會代表告訴《泰晤士報》（*London Times*）：員工被迫成為生產力「高於平均的亞馬遜機器人」，然後被「公司的殘酷文化榨乾後，再棄之如敝屣」。

英國一些亞馬遜員工的薪資少到他們只能在高速公路旁搭帳篷居住。二〇一六年十二月的聖誕節前幾天，蘇格蘭報社記者克雷格．史密斯（Craig Smith）開著他的本田喜美（Honda Civic）在 A90 公路上疾馳，瞥見距離位於鄧弗姆林（Dunfermline）的亞馬遜分部大約半英里處，有幾頂帳篷搭在一片空地上。史密斯心想：**現在是氣溫零度以下的十二月，怎麼會有人出門露營，而且還挑了這麼奇怪的地方露營？**

史密斯把車停在路邊，徒步走進樹林。「我一早做的第一件事，就是『敲敲』帳篷看裡頭有沒有人。」他對我說。帳篷主人告訴史密斯，他在附近那間亞馬遜航空貨運中心工作，之所以住在帳篷裡，是因為他家在三十英里外，雖然亞馬遜有提供交通工具，但公司會向搭乘巴士的員工收取交通費，而且車資占去薪水很大一部分，於是他決定將就點搭帳篷住。

史密斯告訴我：「很顯然他想保住這份工作，但你不能怪他，雖然我不會為了工作過那麼辛苦的生活。」

史密斯關於亞馬遜員工搭帳篷的報導，登上了丹狄市（Dundee）《郵報》（*Courier*）頭版，故事迅速傳遍全球，引起英國人民的憤慨。根據一名蘇格蘭政治人物的估算，扣除交通費、強制實行的無薪午休後，亞馬遜給員工的薪水比基本工資少了六十便士。他表示：「亞馬遜應該感到羞恥。」史密斯的文章引用了亞馬遜發言人的說詞，其表示亞馬遜創造了數千份工作，也給了員工「有競爭力的薪資」。

亞馬遜可以做得更好。該公司在二〇一七年的銷售額高達近一千八百億美元，獲利三十億美元，亞馬遜有能力支付倉儲人員足夠的薪資，讓他們過上舒服的中產階級生活，享受有經濟保障的退休生活。但它卻沒有這麼做。

亞馬遜並不是鬥志旺盛、為生存奮鬥，尚未獲利的新創公司，也不是一時爆紅、創辦人急著套現後帶著戰利品揚長而去的科技公司。亞馬遜已經成立二十四年，貝佐斯似乎也有意長期發展下去。亞馬遜已經是本世紀最重要的公司之一，有著想要吞併新市場的雄心壯志。

或許貝佐斯認為亞馬遜最終會在沒有人力的狀態下運作，至少在它的倉庫是如此，所以善待現在這些員工是沒有意義的。儘管如此，他為降低人工成本毫不留情地壓低工資，以及他無視勞工尊嚴的態度，實在令人膽寒。

亞馬遜在二〇一七年宣布計畫興建第二個總部時，貝佐斯考慮的不是把總部設在哪裡對當地建設最好，或是怎麼做才能幫助到最多人，而是開放美國各大城市競標，看看誰能為他的企業提供最多利益。這一計畫吸引了超過兩百座城市，包括美國最貧窮的底特律、克里夫蘭、辛辛那提與密爾瓦基競相投標，紐澤西州為了吸引亞馬遜到名聲不佳的紐華克設立總部，甚至提出七十億美元租稅優惠。

一場不堪入目的戲碼就這麼上演了：美國最窮的人竟要送錢給全球首富，求他用一間辦公大樓造福他們的城市。

等待末日來臨

從億萬富翁變為社運人士的漢豪爾，過去曾與貝佐斯關係密切，我在採訪漢豪爾時，問他是否對老朋友建議過要給員工多一點薪水、給他們更人性化的待遇。漢豪爾表示：「我有試著讓他關心這件事。」貝佐斯顯然沒有被說服。漢豪爾只透露他近年來「和傑夫失聯了」，其他不願多說。

多年來，漢豪爾試圖說服立法者將基本時薪提升到十五美元，也就是現在的七．二五美元的兩倍多。即使這十五美元的基本時薪仍不足以讓事情就此公平公正，但至少是個開始。

「如果依循一九六八年到今天的生產力成長幅度來看，基本時薪應該要是二十二美元，」

漢豪爾表示，「如果看生產力最高的一%，那基本時薪就該調到二十九美元。」

他表示，收入位居前一%的富豪把錢還給勞工，是自保的行為。在漢豪爾看來，唐納・川普當選美國總統是一場災難的初始。「人們受到傷害決定反撲——就是把票投給那個也在反撲的人。」

漢豪爾認為，我們再不將財富還給勞工，繼續這樣發展下去，《瘋狂麥斯》（*Mad Max*）電影裡的末日將在現實世界上演。「你不把錢還給他們，情勢就不可能好轉。老兄，我們的處境日益艱困，情勢好轉前一定會先變得更糟。我覺得我們的國家遇上難題了，西方世界遇上難題了。我們已經制度化了一套使少數人受益而多數人貧困的機制。

「人們只會愈來愈憤怒，大家的生活也只會愈來愈糟糕，而且大家愈是憤怒，想法就會變得偏激、言論更瘋狂、計畫暴力行動。這是可預見的事，因為人們的憤怒會促使他們做蠢事。以後的日子不會好到哪裡去，我覺得我們一定會有很多內亂，希望不會演變成內戰。還記得嗎？我們國家上次發生這樣的危機是在一九六八年，當時發生了幾百起炸彈攻擊，還有一堆暴動。已經過了五十年，我們正淪入循環中。」

第七章——不安全感：「我們是一支團隊，不是一個家庭」

二〇〇九年八月一日，網飛、創辦人暨執行長里德．哈斯汀（Reed Hastings）在簡報分享網站 SlideShare 發表他的 PowerPoint 簡報。這份由他和人才長佩蒂．麥寇德（Patty McCord）共同製作的簡報內容是一種宣言，用了一百二十八張投影片說明網飛公司的企業文化，並希望透過簡報來招募新人。結果，這份簡報改變了矽谷的工作性質，也從此改變了科技公司對待員工的方式。

網飛最知名的理念，就是：「我們是一支團隊，不是一個家庭。」網飛用短短一句話，打破了數十年來如何對待員工的傳統觀念。公司是個大家庭的觀念已被廣泛接受，幾乎都變成了陳腔濫調。將員工視為家人似乎有些矯情，但這正是由惠普發展出的「惠普之道」的精髓所在，數十年來，這種文化一直是矽谷的黃金標準。

但這是網飛，網路革命的典型代表，他對此不屑一顧。我們不是你的家人，也不是你的朋友，我們是一支團隊。我們只招募最好的隊員，如果你出局了，那真是遺憾。「團隊，而不是家庭」的背後涵義相當殘酷：在網飛，沒有所謂的工作保障，你隨時都可能滾蛋。即使公司很賺錢，而你也做得非常出色，你還是會被剔除換人上來。

若要說有什麼比減薪更糟糕的，那就是完全沒有薪水。這就是導致勞工不快樂的第二個因素：不安全感。這是新觀念、新契約的一部分，它規定了，無論你在哪裡工作，無論你做得多好，你的工作永遠沒有保障。當公司已經沒有工作可派給你做，也不想費心訓練你去做別的事情時，你可能就要等著被開除了。當你主管覺得你跟公司文化格格不入，你也可以準備走人了。網飛判斷你是否合格的守則是，「重視工作績效，而不是工作保障與穩定性」。重視工作保障的人「在網飛會感到害怕」，而公司也會「幫助『他們』明白我們不適合這裡」。換言之，你愈是擔心自己失去飯碗，就愈有機會被踢出公司。

而當你被解僱的時候，也不應該傷心難過。有次麥寇德在美國全國公共廣播電臺（National Public Radio, NPR）受訪，提起自己解僱一名女性員工時，該員工失聲痛哭，讓她大吃一驚。她嘲笑這名女員工：「妳怎麼哭了？」對麥寇德與其他有共同看法的人而言，轉職，即使是非自願的，只是生活的一個事實——一種異動，就像換銀行，或是將你家的有線電視服務從威訊轉至康卡斯特（Comcast）一樣。

這當然是不切實際的想法。不容忽視的事實是，大部分的人無論有多麼成功，或是有多麼堅強，被開除時都會感到非常難過。心理醫師說，當一個人被開除時，其感受與朋友或親人去世時的感受相似。

你知道更糟的是什麼嗎？擔心自己**可能**會被開除。生活在不確定因素與失業恐懼中的人，受到的心理創傷比那些被解僱的人還要嚴重。低工作保障與憂鬱症、自殺傾向等高發生率，息息相關。不幸的是，根據研究機構世界大型企業聯合會（Conference Board）的資料，現今有將近半數的人生活在令人痛苦、憂鬱、焦慮的恐懼中，該機構從一九八七年以來持續追蹤調查職場勞工，發現這段時間人們對工作的不安全感呈上升趨勢。

麥寇德等人想要對勞工施加更大的壓力，本質上他們是在進行真實生活中的組織行為學實驗：如果讓人類白老鼠持續生活在恐懼中，會發生什麼事？

麥寇德的驚悚創舉，不只是「是一支團隊，不是一個家庭」的價值陳述。她在二〇一八年出版的《給力：矽谷有史以來最重要文件，NETFLIX維持創新動能的人才策略》（*Powerful: Building a Culture of Freedom and Responsibility*）一書中，詳加說明她的見解。麥寇德在書中解釋道，員工不應該期待管理者或公司裡的任何人幫助他們發展職涯或學習新技能，公司沒有時間幫員工做這些」。「管理者不應該被期待成為職涯規劃師。在現今變動快速的商業環境中，管理者若試圖扮演這個角色是很危險的。」她寫道。

此外，麥寇德認為公司不應該費心地讓表現不佳的員工參與績效改進計畫，給予他們改進的機會，而是應該直接請他們離開。麥寇德還建議人資主管別花太多時間記錄員工的缺失，直接開除就對了！他們不敢提告的。麥寇德在她的書中以非常讓人放心的標題〈員工控告公司的情形很少見〉，一小節來解說這個部分。值得高興的是，麥寇德也用了一整章的篇幅討論〈好聚好散的藝術〉。

根據麥寇德的現實說法，員工不應該介意自己被開除。你把人開除，把他們（還有他們的配偶與小孩）的人生搞得一團糟，對方也不應該哭泣。我們還是可以做朋友，而她實際上也相信這是有可能做到的。麥寇德在書中描述，有一次她遇見之前被她開除的設計師，兩人「愉快地聊了各自的近況」，離別前她們還給了彼此一個大大的擁抱。「我那時愛她，現在依然很愛她！」麥寇德寫道。她顯然認為被拋棄的設計師，對她懷有相同的感情。對此，我想要再進一步思考。

麥寇德在《給力》中提及自己多次連續解僱員工的事蹟，並為她的表現感到自豪——就像劊子手講述自己如何熟練地揮刀，如何乾淨俐落地讓人頭落地。她曾在訪談中透露，有「幾百人」被她開除，並補充她不喜歡「開除」這種說法，而是說那些人「往下一個人生階段邁進」。被她「往下一個人生階段邁進」的人，有許多人表現並不差，只是不再對網飛有價值。麥寇德不明白為什麼有些人在往下一階段邁進時，會哭得那麼傷心？為什麼就不能向前看呢？

「網飛文化集」（Netflix Culture Deck），從二〇〇九年至今的點閱次數將近一千八百萬次，其影響難以估計。臉書營運長雪柔．桑德伯格（Sheryl Sandberg）曾說麥寇德的守則「堪稱矽谷史上最重要的文件」。矽谷新聞部落格 TechCrunch 表示，網飛守則已成為「網路經濟中心的文化宣言」，也是現代職場「窺探未來日常生活的水晶球」。

然而，「我們是一支團隊，不是一個家庭」這件事怎麼看都愚蠢無比，更明顯的是，這是一個旨在將極為惡劣的公司政策——「我們是虧待員工、殘忍的混蛋」——粉飾為可取之物的謊言。網飛聲稱它在經營「高績效文化」，但標準高得許多人根本無法達標。而且，根據它的文化守則，網飛「就像一支職業球隊」，「每個位置都必須部署明星球員」。近年來，網飛甚至表示，雖然很多人被它開除，但「被奧運球隊剔除不是什麼丟臉的事」。

天啊！如此妄自尊大的心態，該從何說起呢？首先，這是網飛，他們製作電視節目，並提供線上影音串流服務。他們沒有把人送上月球，也沒有研究人類基因組、找到治癒癌症的方法。再來，這間公司有將近五千名員工，其中有許多是客戶支援服務中心的業務代表，有些人時薪只有十四美元，他們不是年薪數百萬美元的職業籃球員或奧林匹克冰上曲棍球隊員。

我要強調一下，事實上並不是每支職業球隊的每個位置都有明星球員，而最優秀的職業球隊之所以成功，**正是因為**球員們感覺是一家人。聽一聽二〇〇四年世界大賽冠軍波士頓紅襪隊（Boston Red Sox）隊員是怎麼說的：一名球員說：「我們不只是球隊，還是一個家庭。」另一名球員說：「我們是一家人，是和自己的兄弟並肩作戰。」新英格蘭愛國者隊（New England Patriots）的湯姆．布雷迪（Tom Brady）曾說：「和我共用更衣室的傢伙都是我的家人。」體育與領導專家、《怪物隊長領導學：管理好5～15人，你就能一直贏！》（*The Captain Class: The Hidden Force That Creates the World's Greatest Teams*）作者山姆．沃克（Sam Walker）表示：「很多傑出球隊真的感覺就像是一家人。」他說「家人的感覺」可能不是必需的，但「我研究過的大多數菁英球隊都很親密，那些能夠克服難關的球隊，球員間的連結往往都很緊密。」

哈斯汀與麥寇德或許對自己的公司文化十分滿意，但網飛的員工可能並不認同。在企業員工可以匿名評價公司的 Glassdoor 網站上，網飛的評分是三點七分，滿分五分。網飛的評分低於 Google、蘋果與臉書，甚至低於福特汽車、嬌生、寶潔（Procter & Gamble）與埃克森美孚（ExxonMobil）。

網飛的辦公室工作人員對工作環境頗有微詞，他們表示公司內部員工流動率高，工作很容易讓人精疲力竭。一名客服中心工作人員在 Glassdoor 留言道：「你在公司的每一分、每一秒，從你上廁所到接特定類型電話的通話時間，都被記錄得清清楚楚。老實說，這是我待過最惡劣的工作環境。」不可否認，還是有些網飛員工對公司非常滿意，留下很高的評分與正面留言，但像這樣的抱怨總是引人注意：「我在那裡工作的**前三個禮拜**，被開除的人數多到令人難以置信。」還有：「那份文化集實際上就是公關文宣。」

網飛似乎不重視多元文化，它最近一次年度多元化報告顯示，所有的員工當中只有四%是黑人，六%是西語裔美國人，而有四九%的白人。（還有二四%是亞洲人，四%是「其他或多種族裔」，剩下一三%則是「身分不明」。）在網飛的「科技類工作」裡——也就是眾人夢寐以求的工程師職位，通常薪資較高——只有二%的黑人員工，以及四%的西語裔美國人。公司高層的情況更嚴重，最上層的八名主管中，有七人是男性，而且全都是白人。網飛「是支團隊，不是一個家庭」，也許吧；但如果真是如此，這支團隊看起就像是簽下傑基．羅賓森（Jackie Robinson，美國職棒大聯盟史上第一位黑人球員）之前的布魯克林道奇隊（Brooklyn Dodgers）。

儘管存在明顯的缺陷，麥寇德的文化集依然引發了模仿熱潮，數十間公司跟著訂定「文化守則」，不僅借用了網飛的概念，也把網飛的傲慢與自負學得毫無二致。麻州劍橋市的HubSpot，我之前工作的新創公司，也從網飛文化集一字不差地摘錄部分做為自己公司的文化守則，包括「我們是一支團隊，不是一個家庭」這句話。Spotify 的公司守則包括了麥寇德的照片，以及她的名言：「文化能助人成功，卻不能造就成功。」Spotify 的「我們是一支團隊，不是一個家庭」版本，則是聲稱為了守護公司的文化，「解僱員工是必要之舉」。Patreon 公司的文化守則與麥寇德關於「高績效」的說詞如出一轍，並表示只有「世界級人才」能留下來。eShares（現名 Carta）等新創金融公司聲稱自家公司「就像管理一支職業球隊」，團隊間「鬆散耦合、高度協同」，這是麥寇德的說法。

文化守則成了一種**時尚**，而且是種令人噁心、愚昧且毫無意義的時尚。湯姆．彼得斯曾告訴我：「一旦你把它寫下來、貼在牆上，你就把事情搞砸了。那不是文化。」哈佛心理學家與《姿勢決定你是誰：哈佛心理學家教你用身體語言把自卑變自信》（*Presence*）作者艾美．柯蒂（Amy Cuddy）談論關於「即時文化」（insta-culture）的概念，就像公司編寫了文化守則、買了桌球桌，看吧，公司有了一種文化。真正的文化是需要時間培養的。

你可以上網瀏覽數十家公司的文化簡報，如果打算通讀這些簡報，你應該考慮穿上雨衣、戴上面罩，就像蓋勒格（Gallagher）[1]喜劇表演坐前幾排的觀眾一樣，因為你可能會被道貌岸然

1. 美國喜劇演員，時常在表演時砸爛西瓜。

的新經濟公司噴得滿身汙水。這些公司說的都大同小異：他們是球隊，主管是教練；他們講求倫理、誠實、同理心與行事透明；他們是傑出的、適應力強、有熱情、好奇，而且勇敢無懼；他們是菁英中的菁英，但他們無私且謙卑；他們頌揚成功，並從失敗中學習；他們喜歡自由，痛恨規則。哦，最後：他們是獨一無二的，每一間公司都是。這種認真但盲目的行銷廢話，我稱之為「無意義性」（meaningfullessness）。這些編寫文化守則的人，都已經掌握了它的精要。

「我們是一支團隊，不是一個家庭」所造成的問題是，一旦公司接受了這種概念，他們有時會開始以開除員工為傲。在過去（現在也該是如此），開除員工是相當罕見且不幸的事件，是雇主與員工都希望避免的最後手段。但現在有一些公司把開除員工當成是一種榮耀，甚至是可以到處吹噓的事。

與麥寇德所想要相信的相反，有些人被開除時遭受了極大的痛苦。相信我，我花了好幾個月的時間讀《獨角獸與牠的產地》讀者的來信，這之中沒有任何一個人被開除之後還能保持樂觀。他們內心受傷、心懷怨恨，並對自己被開除耿耿於懷。史蒂夫·賈伯斯曾在一場畢業典禮演講中提到沒有人想死，「即使是想上天堂的人，也不願意為了上天堂而死」。同樣地，就算是在一間公司待得很痛苦，很想找新工作的人，被開除時還是會感到氣憤與受傷。被解僱或許讓人鬆了一口氣，但也感覺像是最後的羞辱。

那份痛苦能在人們心中持續很長時間，沒有人被開除之後很快地振作起來，並忘掉它。二十多歲的賽維爾（Xavier，化名）在一間受網飛文化集影響的公司待了短短七個月就被踢出公司。他沒有做錯任何事，之所以被開除，是因為公司來了個新的副總裁，而這位副總想要釋出一些人力。「我想不透他們當初為什麼會僱用你。」副總裁告訴賽維爾。這名副總裁說完後，可能再也沒想過這件事，但賽維爾表示，這次經驗「對我來說，是致命的一擊，不只是事業方面，也包括我整個人，它讓我陷入了前所未有不堪忍受的憂鬱中。一年了，我現在還處於驚嚇中。」

雷娜塔（Renata），與賽維爾同間公司，她才工作五個月就被開除。這是雷娜塔大學畢業後的第一份工作，受聘在那間公司當招募人員。她雄心勃勃，渴望出人頭地，時常請主管派更多任務給她，並以為工作進行得很順利。但有一天，她被二十多歲的主管無預警地叫去開會，並被當場解僱了。至於理由，主管說：「妳感覺興致不夠高。」

雷娜塔不曉得這意味著什麼。主管沒有給她第二次機會，也沒有要幫助她改進，或幫她在公司內部找新的職位。「她說她是在幫我，因為我對招募工作沒有熱情，現在她給了我一個探索新領域的機會。」雷娜塔回憶道。

主管要她馬上離開，連東西都不用收，到時公司會將她的私人物品寄到她家。雷娜塔拿了外套便離開。她倉皇失措地走出辦公大樓，想弄清楚剛才發生了什麼事。「我很困惑，也很恐慌。」她說，「我擔心短時間內的各種費用要如何支付？但對於往後長期來看，我也一樣感到恐慌。」她擔心履歷表上的工作資歷只有五個月，別人會如何看待自己？她又該如何對未來的雇主說明這件事？她害怕她或許就不適合公司生活？「我覺得自己是個徹頭徹尾的失敗者。」數月後，她找到了新工作，然而被開除的經歷，以及主管開除她的方式，仍然歷歷在目，揮之不去。

——這不是事業，是作戰任務

網飛「我們是一支團隊，不是一個家庭」模式的粉絲中，最大且具有影響力的，應該就是億萬富翁、矽谷寡頭之一的LinkedIn創辦人雷德．霍夫曼。二〇一四年，霍夫曼在推銷他的著作《聯盟世代：緊密相連世界的新工作模式》時，甚至借用了麥寇德的語言，以〈你的公司不是一個家庭〉（Your Company Is Not a Family）為標題刊登在《哈佛商業評論》雜誌上。

就像麥寇德一樣，霍夫曼把自己定位成一個管理學先知，能教導非科技業者成功仿效矽谷模式。他將網飛的文化守則更為發揚光大，想出一套可以讓公司任意僱用與解僱員工的「新契約」，打造一個沒有「事業」，只有短期工作的公司。

有些新創科技公司將工作不安全感與員工害怕被解僱的心理，做為管理員工、控制員工的工具。在這方面的努力中，這些公司找到了一個強而有力的武器：股票選擇權（stock options）。大部分的員工願意為了股票選擇權，放棄一部分的薪資，只要押對寶，他們持有的股票總有一天會價值數百萬美元。但是，為了取得公司授予的全部股票選擇權，你必須要能在這間公司存活四年。我們大多數人都害怕被開除，因為這代表你將會沒有收入。但如果你是被熱門的新創科技公司開除，你失去的就不只是薪水，還必須放棄你的紙上財富。那筆錢成了公司激勵員工的一種強大誘因。

錢領得愈多，壓力就愈大，尤其當雇主以股票選擇權做為壓榨你的籌碼時。這些選擇權握在不肖雇主手中，會讓員工容易受到壓榨與虐待，優步就是最好的案例。優步公司創立於二○○九年，有好幾年時間一直是全球最熱門的科技獨角獸，誰在這間總部位於舊金山的共乘公司獲得工作，就像是中了頭獎一樣。優步的管理階層充分利用這一點，成了一個高壓、有毒的工作場所，霸凌與性騷擾事件頻傳，以及惡名昭彰的殘酷文化。

「這是一種金錢崇拜，」二○一七年，一名前員工向 BuzzFeed 新聞網這樣描述優步，「大家都忍受著大量的虐待，精神虐待。」員工之所以忍受這些折磨，是為了保住自己的股票選擇權。一名前員工表示：「人們把股權視為自己的未來，自己的退休金，也是他們移民到美國或離鄉背井搬過來的理由。」

在優步的恐懼文化中，員工不僅得完成大量工作，被迫半夜進辦公室處理急事，甚至有時在同儕面前被主管羞辱。有些人因此恐慌症發作，根據 BuzzFeed 報導，有幾個人還必須住院接受治療。

三十三歲的非裔軟體工程師約瑟夫．托馬斯（Joseph Thomas）受優步僱用，但在優步工作對約瑟夫來說，壓力太大了。托馬斯剛開始還以為自己來到了應許之地，但沒過幾個月他就在巨大的壓力下選擇自殺，留下妻子與兩名年幼的兒子。他太太澤可．托馬斯（Zecole Thomas）認為他是被工作壓力逼死的，她對《今日美國》表示：「約瑟夫的性情大變，整個人壞掉了，有時候還會說：『我覺得我好笨，大家都在笑我。』」

澤可．托馬斯聘請律師提出告訴，要求優步為丈夫的死亡負責。這起訴訟登上新聞媒體時，優步對外發言：「托馬斯家屬經歷的這種難以言說的悲傷，不應該發生在任何一個家庭身上」。寫這本書時其訴訟狀態不甚清楚，我曾試著聯絡托馬斯太太與她的律師，不過他們沒有回應。

優步高層或許為約瑟夫．托馬斯自殺事件感到愧疚，但公司並沒有宣布任何減少員工壓力的計畫。托馬斯舉槍自盡過後六個月，優步科技長在一場訪談中將優步員工比喻成尚未成形的鑽石，並表示：「鑽石是經過幾千年的高溫與壓力壓縮才形成的，那些真正能從中生存和成長茁壯的人，最終會成為鑽石。」

我的天啊！任何一個頭腦清醒的人，都不會認為這是一種健康經營公司的方式。

──工作穩定性，以及你的大腦

二十七歲的心理諮商師阿尼姆．阿韋（Anim Aweh）在舊金山灣區執業，看過無數個受矽谷血汗工廠殘害的勞工。「有些人賺了非常多錢，可是他們的工作太耗費心力了。」專門輔導年輕科技業者的社工阿韋說道。有色人種經常向她尋求諮商協助，因為這些人在以缺乏多元化著稱的矽谷面臨著獨特的挑戰。「他們被要求長時間工作，彼此互相競爭，那是一種激烈競爭。一名來找我諮商的女性說：『他們期望的是你應該努力工作，而不是聰明地工作，只要你一直做，一直做，一直做，一直做——直到你做不下去為止。』」

不知為何會出現「千禧世代不介意工作沒保障」的錯誤看法，覺得年輕人喜歡不停換新工作，甚至**喜歡**「我們是一支團隊，不是一個家庭」的工作模式。嗯，並不是這樣。事實上，包括千禧一代在內的許多人，都渴望在工作中有「家的感覺」。二〇一五年，一項針對兩千兩百名勞工調查的報告顯示，大部分的人都想在「有家庭的感覺，由忠誠與傳統維繫」的公司工作，但只有二六％的人表示自己現在的工作符合上述期待。渴望有家庭氛圍的不只有老人，也是「所有年齡層的一致選擇」，進行這項調查的人力資源專業組織「英國人力發展協會」（Chartered Institute of Personnel and Development）如此表示。

華盛頓州立大學組織心理學家塔希拉．普洛斯特（Tahira Probst）發現，數據顯示年輕勞工並沒有「接受新的心理契約」，而且工作不安全感對千禧世代而言「似乎是重要的壓力源」。她表示：「儘管組織給予的工作保障降低，新加入勞動力市場的年輕人仍渴望工作安全感。」

皮尤研究中心二〇一三年的一份報告指出，千禧世代比嬰兒潮世代**更**重視工作安全感。網路調查服務公司Qualtrics and Accel Ventures的研究顯示，將近九〇％的年輕人表示，如果能每年加薪，且有升遷機會，他們願意在同一間公司待十年；將近八〇％的年輕人表示，他們願意減薪來換取更多的工作保障與穩定。

工作不安全感一直都存在，但對大部分的人而言，那只是短暫的現象。也許你的公司正處於艱困時期，或者已經和另一間公司合併，有傳言說要裁員，你會在一段時間裡擔心自己的工作不保。然而，在「我們是一支團隊，不是一個家庭」的時代，工作不安全感時時刻刻籠罩著所有員工。

有些主管將恐懼做為管理手段，大概是他或她相信員工在缺乏安全感的情況下，會加倍努力，並提高生產力。比利時荷語天主教魯汶大學（Katholieke Universiteit Leuven）組織心理學家蒂妮・凡德・埃斯特（Tinne Vander Elst）過去十年都在研究工作不安全感，她認為上述概念十分荒唐。她的研究顯示，工作不安全感與創造力減弱、整體表現與生產力降低有關，職場霸凌的事件也會增多。有工作不安全感的勞工健康狀況較差，情緒耗竭的比例更高，還可能引起纏身多年的憂鬱症。這些人容易發生事故與受傷，更可能會有道德上的過失。他們會較不用心工作、說公司的壞話，以及花大量時間找新的工作。

更糟的是，科學家告訴我們，長期的輕度壓力可能比短期高度壓力還要有害。我們的大腦可以處理逃離掠食動物或逃出火場等高度但短暫的壓力，卻沒辦法承受長時間且持續的壓力，即使只是輕微的壓力也一樣。然而，這就是我們在「是一支團隊，不是一個家庭」的工作場所中所獲得的。就如我在第五章所說，這是人類版本的不可預期慢性輕度壓力實驗。

我們長時間生活在緊張、恐懼的環境下，大腦會發生一些可怕的變化，恐懼不僅會影響我們的記憶力，還可能傷害大腦某些區塊。梅約醫學中心（Mayo Clinic）曾進行的兩次腦部掃描顯示，健康大腦與處在壓力與憂鬱情況下的大腦是有差異的。健康大腦的圖像出現大片的鮮黃色與橘色區塊，代表神經活躍，而受壓力影響的大腦並不活躍，許多區域都是深藍色與死黑色，只有少數區域呈黃色。

大腦不活躍，會發生什麼事？印度浦那市，一名二十五歲的軟體工程師自殺，他的遺書寫道：「在資訊科技業裡，沒有工作安全感。我很擔心我的家人。」在二〇一六年，西雅圖一名在亞馬遜工作、壓力大的白領勞工，因擔心自己保不住飯碗，跳樓自殺未遂。在此之前，他曾申請調換別的部門，主管非但沒有答應，還要求他進行績效改進計畫（PIP），通常進行績效改進的員工最後都會被解僱。自殺事件過後，許多悲痛的亞馬遜員工使用匿名應用程式發洩工作不安全感所帶來的壓力。有人寫道：「我曾經哭過，通宵熬夜工作，健康也出了問題，因為我害怕主管要我進行績效改進計畫，然後被解僱。」

——種瓜得瓜，種豆得豆

一個奇怪但令人滿意的轉折，網飛人才長佩蒂．麥寇德成了她自己創造的守則下的受害者。二〇一二年，哈斯汀解僱為網飛奉獻了十四年的麥寇德，她從未想過要離開。她在書中沒有提到這件事，只是簡短地說：「是時候離開網飛了。」

我本以為麥寇德自己被開除了會有所頓悟，並重新思考「我們是一支團隊，不是一個家庭」這種想法。結果，沒有。麥寇德坦承，自己被解僱時，「一想到要離開就很難受」，而且「在那種情況下，我會產生情緒反應也是人之常情」。但是，她並沒有因此動搖了她的信念。她現在以顧問的身分幫助公司養成「網飛的魔力」。和她合作的公司包括廣告業巨擘智威湯遜（J. Walter Thompson）、大型資產管理公司貝萊德（BlackRock）、線上時尚眼鏡商店瓦爾比．派克（Warby Parker），以及我曾經工作過，讓我初次領教到「我們是一支團隊，不是一個家庭」哲學的 HubSpot。

諷刺的是，麥寇德與霍夫曼雖認為人們該經常換工作，他們自己卻極少跳槽。霍夫曼於二〇〇二年創立 LinkedIn，直到微軟在二〇一六年收購 LinkedIn，他才完全放手。他在二〇〇九年加入葛雷洛克（**Greylock Partners**）創投公司，之後就一直留在那裡。麥寇德先是在四間科技公司工作共十三年，然後到網飛工作了十四年，若不是被開除，她現在應該還繼續在網飛上班。

此外，「新契約」究竟能否打造一個成功且永續經營的企業，還是個問題。霍夫曼的 **LinkedIn** 公司有一段時期成長得非常快，後來卻開始虧錢損失慘重，最後被微軟收購。網飛的收益在二〇一七年成長了三〇%，公司轉虧為盈，但其實網飛仍然入不敷出。它背負了超過兩百八十億美元的債務，其中一些債務是出售垃圾債券（高收益債券）所致，正如《克萊恩紐約商業周刊》（*Crain's New York Business*）在二〇一八年五月的一篇文章中所說，出售垃圾債券是種高風險策略，「令人聯想到網路經濟泡沫化時代」。優步雖聲稱自己的文化能產出「鑽石」，卻因它的企業文化在二〇一七年跌跤，爆出一連串醜聞後，董事會開除了優步執行長暨創辦人特拉維斯・卡蘭尼克。

老傢伙們

不久前，一間公司的執行長關心員工的身心健康、關心員工的家人，被視為值得讚揚的事。執行長們為自己提供員工穩定安全的工作感到自豪；有些公司付給員工高於行情的薪水，還給他們在組織內升遷的機會；有些公司提供獎金與分紅制度，並提供健保與退休金。在這些公司看來，解僱員工是最下策，裁員是一場悲劇，是公司應該極力避免的事。

我對上個世紀執行長們出的書做個簡單概述，他們管理公司、僱用人才的理念與今天的職場判若雲泥。李．艾科卡（Lee Iacocca）在一九八四年出版的自傳中，描述自己過去身為福特高層主管，被開除時那種羞愧與憤怒的感覺，並深刻描寫了自己身為克萊斯勒汽車公司（Chrysler）執行長，面對破產危機時不得不解僱數千名員工，當時他內心痛苦不堪。他寫道，那件事「傷害、波及了非常多人」。

亨利．福特在一九二八年出版了他的自傳，《汽車大王：亨利．福特》（*My Life and Work*），他在書中表示，創造工作機會，盡可能地幫助人們過好生活，就是他創立公司的目的。他之所以創立福特汽車不是為了錢，也不是為了車——而是為了造福大眾。福特成立了一間技職學校，學生能在福特汽車實習，畢業後直接到福特汽車上班；為了提供勞工階級良好的醫療照護，他還經營了一家醫院。

福特曾要求公司高階主管列出能給殘障人士做的工作，為弱勢者製造工作機會。有什麼工作是視障者能做的？那些工作是少了一隻手臂的人也能做的？福特寫道：「我的目標是僱用愈來愈多人，並散布……工業體系的益處。我們要建造家園與好生活。」

前IBM執行長湯瑪士・華生二世（Thomas J. Watson Jr.）認為公司最優先考慮的是「工作保障」政策，還得意地表示，IBM在長達二十五年的期間，「沒有人因為裁員而浪費任何時間」。華生在一九六三年出版的回憶錄《解讀IBM的企業DNA：活用經營信念，打造長青基業》（*A Business and Its Beliefs: The Ideas That Helped Shape IBM*）中寫道，如果員工在一項工作上搞砸了，公司就會為他們找別的事情做。「我們花很多心思幫助員工成長，當工作需求有變，我們會重新訓練他們，如果他們現在做的工作遇到困難，我們會給他們第二次機會。」

威廉・惠利特與大衛・普克德在惠普公司的年度野餐會，供應員工與員工眷屬食物，為惠普的「家庭氣氛」驕傲不已。他們在公司的各據點附近購置土地，供員工與眷屬休憩玩樂——普克德在一九九五年出版的《惠普之道》（*The HP Way*）一書中寫道，他們在加州買下一片露營用的樹林，在蘇格蘭買下釣魚用的湖泊，還在德國買下「適合滑雪」的一塊地。普克德並在書中收錄了，他在一九六〇年對高階主管們的演講，這篇演講表明了他對工作場所的看法，與麥寇德、霍夫曼等人的觀點形成鮮明對比。以下節錄普克德的一段文字（粗體字是我所加）：

我們一向認為自己該對員工負責，我們應該預先規劃工作方向，確保工作安全感。**「僱人再解僱人」的經營模式不符合我們公司的精神。**有時，僱用一群人、讓他們盡全力工作，工作完成後打發他們回家，這似乎是最有效率的做法。但是，即使這種方法真的最有效率，我們也從不這麼做。**我們認為盡可能提供工作機會與工作安全感，是我們的責任。**

現今的網際網路寡頭也許會為自己辯解，聲稱那些書都是舊時代的產物，現在是與過去截然不同的數位科技時代，必須制定新的規則。我覺得這根本是一派胡言，只有不曉得自己在做什麼的人會這麼說。我們使用的工具確實變了，但人類整體而言沒有變，尊嚴、尊重、穩定性，以及安全感仍然非常重要。過去那些執行長對企業與勞工的看法，在現今時代，與上個世紀一樣，仍深具意義。

來看看這些人努力的結果。在亨利．福特、大衛．普克德與湯瑪士．華生二世的全盛時期，他們公司的經營規模都比今天的網飛與 LinkedIn 大上許多且重要得多，即使福特、普克德與華生已與世長辭，他們的公司依然屹立不搖——而且收益也高過網飛公司。

也許這些老傢伙說的不無道理。如果你想打造一間經得起時代考驗的公司，這些人的建議才是你應該聽的。與其告訴員工「我們是一支團隊，不是一個家庭」，不如思考成為一個團隊、一個家庭。

第八章——改變：「住在永不平息的颶風裡，是什麼感覺？」

「你們可以隨便質疑我，」名為布萊恩．羅伯森（Brian Robertson）的男人對著聚集在他面前的二十多名二十多歲的年輕人、還有我，說：「挑戰我。保持懷疑態度，深入探究，盡量發問。」

此時，我正坐在舊金山中國城企李街華英社交俱樂部（Wah Ying social club）二樓，一間有著多結松木牆，掛著中式國畫與美國國旗的會議室裡。我們在這裡，是為了參加為期半日的「體驗工作坊」，學習一種稱為「全體共治」（Holacracy，無領導管理）的管理模式，這是羅伯森自己發明的新世紀管理模式，涉及哲學、心理學、社會學、生物學、模控學，還有沒人知道的等等領域。

現在是二〇一七年六月，幾天前我才在門洛公園一間咖啡廳和樂高女士遊戲約會。見過面後，我認為樂高工作坊是企業人士以工作場所轉型為名，所能做的荒謬事了。然而，我錯了。全體共治比樂高工作坊糟糕百倍，我從來沒經歷過如此幾近純粹瘋狂的事。

改變，是造成勞工不快樂四種因素的第三種。與工作相關的一切似乎都改變了，從我們工作的地點到工作方式一下子都變了，其中最大的變化和敏捷軟體開發、精實創業等新方法脫不了關係。「全體共治」，就是把這些新方法丟進攪拌機，混入迷幻藥，再交由邪教領袖查爾斯・曼森（Charles Manson）「包裝的成品。儘管如此，羅伯森宣稱現在有超過一千家公司採用全體共治。讀者，希望你的公司不是其中之一。

三十八歲的羅伯森，身穿藍色 POLO 衫，頂著一顆光頭，蓄了修得整整齊齊的山羊鬍。他滿口的管理、自主與目的；他認為你應該賦予員工權力，讓他們成為自我管理組織體系中自主地自我指導的員工。

羅伯森不斷提及**權力**，他似乎對權力與權力分配抱有根深柢固的執念。他承認有史以來人類團體便存在階級，而這似乎是個相當不錯的體系。

每個政府、每支軍隊、每間大學、每間企業——從有企業以來——都存在階級制度，但羅伯森認為從工業革命至今，每一間公司的做法都錯了，他想要解決這個問題。

他在二〇〇九年寫了一份四十六頁的「全體共治章程」（Holacracy Constitution），經過九次修改成了現在這份三十九頁的文件，羅伯森稱之為「4.1.1 版」。章程包含前言、附錄，與用羅馬數字表示的節，這些節再用英文字母分成小段，再用小寫羅馬數字區分出段落，從而產生了「第 3.3.6 節(e)段(iii)段」這樣的內容。

章程描述了全體共治的規則、角色與程序，並定義了「圈」（圈子）、「領域」與「責任」，還說明了公司從今以後要用的「一體化選舉流程」（Integrative Election Process）（請見第 3.3.6 節）與「一體化決策流程」（Integrative Decision-Making Process）（請見第 3.3.5 節）。最後一頁是章程的「採納宣言」（Constitution Adoption Declaration），理論上你公司的人要在這裡簽名。宣言如下：

> 簽署者在此同意採納此附加並參引合併之全體共治章程（以下稱為「章程」），做為＿＿＿＿＿＿以下稱為「組織」）的管理與營運系統，從而將權力讓與章程之程序，並將簽署者本具有之權力與重要性賦予由此而生之結果，如第 5.1 節所詳述。

1. 二十世紀六〇年代，美國犯罪史上最惡名昭彰的邪教組織「曼森家族」（Manson Family）領袖。

那時我就瀏覽了羅伯森的網站，找到了這份文件及其所有附件，包括附加並參引合併的部分，我宣布，我將在此追查創作出這種傑作的作者是誰，人們的痛苦與苦難可能將由此而生。

說真的，是什麼樣的瘋子會寫這種東西？又有誰會坐下來制定這樣的章程？

但現在我坐在羅伯森面前聽講，必須很遺憾地跟你說，羅伯森本人很平庸，也不具有特別的魅力。當然，他是個稱職的演講者，似乎也接受過一定程度的訓練。他的說話方式就像是出席企業活動的科技業執行長，他們在臺上會表現得像在和你聊天，但感覺得出他們的所有舉止都是經過練習的，使用的手勢、字句的語氣強調，就如同接受某個公眾演講教練指導時所排練過的那樣。羅伯森的演講風格與史蒂夫．賈伯斯有幾分相似，他們兩個都會在臺上故作輕鬆地走動，偶爾停頓片刻，但你一看就知道賈伯斯是在背誦臺詞，儘管他已經盡力了，還是顯得有些僵硬、不自然。羅伯森也是同樣的風格，他熟記重點然後背給我們聽，同樣的演講他想必背誦過了無數次。

我有點同情這傢伙，他真的很想成為管理大師，而且似乎也深信自己取得了一個，不僅超越企業、還深入探究人性奧祕的重大發現。在我看來，羅伯森除了想做個管理大師，可能還想成為宗教導師、邪教領袖。他想成為奧修（自稱巴關．希瑞．羅傑尼希，**Bhagwan Shree Rajneesh**），坐擁一整車隊勞斯萊斯（**Rolls-Royce**）禮車，還有一堆嬉皮士信徒穿著橘紅色長袍，像傻子一樣夾道跳舞迎接。他想成為《現代啟示錄》（*Apocalypse Now*）電影裡的寇茲上校（Colonel Kurtz），和一批願意為他殺戮、為他而死的門徒居住在叢林裡。

但今天，他恐怕是招不到新成員了。來參加工作坊的二十幾個人坐在長摺疊桌前，每個人一臉無聊。在場有一名 Google 的男性員工，兩個在史丹佛攻讀管理科學博士學位、準備創立公司的女學生，一對在華盛頓經營小型釀酒公司的年輕情侶，他們還帶了三名員工來參加活動。現場提供了咖啡、開水與薄荷糖。坦白說，這場活動處處透著廉價感。

有幾名邪教信徒——羅伯森的 HolacracyOne 顧問公司員工——在我們周邊走動，羅伯森則滔滔不絕地演講，一字不差地重複著網站上某一段影片的內容。他講得很有節奏感，顯然十分熟練。

羅伯森是全體共治的發明人，最先成為白老鼠的，是他所成立的軟體公司的員工。後來，他覺得管理方法比軟體公司有趣多了，比起銷售程式碼，他更想教人如何用新方法經營公司。

羅伯森撰寫《全體共治章程》，並於二〇一五年出版《無主管公司：Google、Twitter、Zappos……都在用的新型管理制度》（*Holacracy: The New Management System for a Rapidly Changing World*）。全體共治的英文是「holacracy」，源自亞瑟・柯斯勒（Arthur Koestler）在一九六七年出版的《機器中的幽靈》（*The Ghost in the Machine*）一書中，柯斯勒在書中探討身體與心靈的關係，並提出人類是由「子整體」（holon）組成的集合體，每個子整體又都是一個更大整體中的自主實體。[2]而羅伯森似乎想用各種糟糕的想法熬成一鍋湯，他的靈感來源還包括自詡救世主的偏激人物肯恩．威爾伯（Ken Wilber），以及威爾伯提出的，號稱是「宇宙架構」的整合理論（integral theory）。除此之外，羅伯森還借用了敏捷軟體開發的一些概念。

據羅伯森所說，全體共治不僅是經營公司的究極法門，還是改變自我的好方法。這種制度的核心準則就是「無主管」，沒有任何人能管理別人，每個人都能行使權力，人們在自我管理、自我組織的團體中工作，整個組織扁平化，沒有主管階級。

「等級制度已經過時了。」羅伯森對我們說。他認為等級結構雖然簡單又穩定，但上對下的管理方式已經不適合我們的文化，我們需要新的制度，而他心目中最好的新制度，就是自我組織。「你們想想看，人體有好幾百兆顆細胞，但它們沒有所謂的主管細胞這種東西。」

這根本就毫無邏輯可言，但不在此多費唇舌，我們繼續。羅伯森告訴我們，他會想要重塑工作制度，是因為他自己也曾是普通員工，他覺得傳統的工作文化太過僵化。他邊說邊按下遙控器按鈕，讓螢幕上的 PowerPoint 投影片跳到下一頁。

「我喜歡討論人生意義，」羅伯森告訴我們，「我的目標，就是向人們展示一種組織權力的全新方法。」他一面說一面興奮地揮手——結果遙控器從他手中飛出去，在地上滑了一小段距離才停下來。哎呀，寇茲上校是不會犯這種錯誤的。

羅伯森撿起遙控器，若無其事地繼續演講，說明我們在實施全體共治時可能面對的最大障礙：公司可能會有反對全體共治的人。「有的主管覺得聽命於他們的人愈多，他們就愈有地位，但現在他們失去了這種自我認同，」羅伯森說，「這是很可怕的事。」

在我看來，這還不是最可怕的。真正可怕的，是在採用這種瘋狂制度的公司工作，而且想要保住飯碗，就得接受洗腦教育，假裝自己是他們的一分子。

2. 「holacracy」這個字的來源，便是柯斯勒在書中提及的「holarchy」，子整體序，又稱合弄結構。

——舉目望去，盡是改變

當然，全體共治位處邊緣的邊緣，應該沒有成為主流經營模式的機會。你很有可能一輩子都不會接觸到它，但你很可能必須與敏捷軟體開發或精實創業等方法打交道。企業採用這些管理方法的過程——不斷地改變新的方向、受新潮觀念吸引而後拋棄這些想法的主管——都會對員工造成傷害。過去幾年，職場已經發生許多重大的改變，接下來十年勢必會有更多風行一時的管理方法，帶給職場大規模的破壞。

詭異的管理觀念，只是轟炸我們的種種改變的一部分。我們還有勞資新契約，讓我們每兩年就得換一份新工作，很多人還必須自己想辦法辦健保、存退休金——這是過去雇主會幫我們處理的事情。但現今我們有了一種讚揚過勞、筋疲力竭與壓力的職場文化。

公司漸漸捨棄近郊的辦公園區，將辦公室遷至城市鬧區，員工不得不跟著搬遷。原本在家工作的遠距工作者，現在必須像ＩＢＭ那些去「敏捷基地」上班的員工一樣，到辦公室報到。就連我們工作的實體環境也改變了，原本安靜的個人辦公空間，現在成了開放式辦公室，我們像牛群似地集聚在吵鬧、無隱私的寬闊空間裡工作。

無數篇研究顯示，這些稱為「開放式辦公室」如噩夢般的鬼地方，不僅大幅降低員工的工作效率，還令人感到痛苦。然而，公司卻不斷地把它們強加給我們，假裝目的是為了「培養合作精神」，但實際上是透過把更多人塞進更小的樓面空間裡，以節省開支。還有些公司採用更極端的做法，它們不給員工固定的辦公空間，而是讓員工以「游牧」方式不停地換工作位置。你只需帶著筆記型電腦去上班，然後四處尋找一個可以工作的空位。瑞士的瑞銀集團（UBS）得意地表示，它就是用這種方法，將一百名員工塞進過去只能給八十人用的空間。

蘋果公司的狂熱粉絲、知名科技部落客約翰．格魯伯（John Gruber）透露，蘋果工程部門一名高層主管看到公司花五十億美元在加州庫帕提諾市建造的環形「太空船」總部平面圖，得知他的團隊將在開放式辦公空間工作時，他破口大罵：「去他的，去你的，去他媽的什麼鬼東西。媽的，你別想讓我的團隊在這種地方工作。」由於那名主管的工程師團隊對公司極為重要——他們負責設計 iPhone 的驅動晶片——蘋果特別為他們建了一棟新的辦公室，因此他們不必在開放空間工作。

開放空間不僅不舒服，還有研究者表示這種辦公空間會讓人壓力大、身體不適，甚至會傷害我們的大腦。康乃爾大學進行的研究發現，勞工暴露在嘈雜的開放式辦公室僅只三個小時，體內腎上腺素的濃度就會升高。

這些情形日益嚴重，就連一些率先採用開放式辦公室的公司，也意識到他們的錯誤。二〇一七年的七月，我到密西根州大急流城（**Grand Rapids**）參觀全球規模最大的辦公家具製造商世楷總部，這間公司除了設計辦公桌椅之外，還有專門研究工作的社會學層面的部門，這些研究者在數年前注意到一個現象：世楷拆除辦公隔間、「解放」員工的行動，反而造成了不少傷害。

「我們做得太過頭了，」人類學博士與世楷工作空間未來研究團隊（**WorkSpace Futures research group**）負責人唐娜．佛林（**Donna Flynn**）表示，「現在有很多在工作中不快樂的人，我們看到人們又重新意識到隱私的價值。」

佛林表示，解決問題的方式不是讓所有人都回到個人辦公室與隔間裡，她認為未來的辦公室應結合多種環境——提供社交及團隊一起工作時的開放空間，但也有可讓人安靜休息的空間。為此，世楷與讚揚內向美德的暢銷書《安靜，就是力量：內向者如何發揮積極的力量！》（*Quiet*）的作者蘇珊．坎恩（**Susan Cain**）合作，推出名為「蘇珊．坎恩安靜空間」（**Susan Cain Quiet Spaces**）的產品系列。「我們必須為人們創造新型的隱私。」佛林說。

曾在微軟工作的佛林表示，公司（與世楷等專門設計工作空間的公司）在使用新科技上可以再做得更好，這樣人們就不會像現在一樣不知所措。現代科技發展得太快，快到人們跟不上，以至於反彈。「現在出現了巨大的緊張局勢，」佛林說，「我們導入感測器、大數據、虛擬實境、擴增實境等新科技，這些都非常有潛力——但同時，也有一股力量推動著工作變得更人性化、更真實，以及更有社會連結。這兩者是互相矛盾的想法，我們應該怎麼解決這個問題？」

科技應該是服務人類的工具，但有時候人類似乎成了科技的附屬品，而有時候本該讓我們做事更有效率、提高生產力的新科技，卻拖慢了我們的工作，讓我們精神崩潰。這個問題有一部分在於，我們把解決科技問題的責任交付給科技公司，然而矽谷的科技人雖是製造晶片與程式碼的奇才，但對人類可能一無所知。

拜科技之賜，我們現在的工作時數比過去更長，並被行動裝置與無所不在的網路綁住，以隨時待命，即使是在晚上、在週末也必須回覆訊息，無論我們在哪裡都必須工作。現在有些公司採「無上限休假」（unlimited vacation）制度，但矛盾的是，這些公司的員工反而更少休假，有些人甚至從不請假。

上一代人無法想像的工作體能極限，在科技的輔助下成了現實。我有個朋友住在波士頓，在麥肯錫顧問公司上班，他每週都要搭機前往亞洲與歐洲出差，一週工作時數經常超過一百小時，每年的飛行里程數都超過二十五萬英里。另一個住在舊金山的顧問朋友，他曾經長達數月從舊金山千里迢迢到巴西的里約熱內盧上班，一年飛了二十五萬英里，比起在家過夜，他更常住旅館。

一方面，人們能從波士頓「通勤」到深圳，或從舊金山「通勤」到里約熱內盧，確實是科技造就的奇蹟；但另一方面，我擔心人體無法承受這樣的負荷。那兩個朋友現在都四十多歲了，住波士頓的那位很喜歡這樣的生活，但他也承認，他應該沒辦法長久這麼工作下去。住舊金山那位朋友已經當了十二年的顧問，他告訴我：「我累了，我不想再做下去了。」他已婚，有兩個小孩，不過他說「公司裡的合夥人很多都離婚了」。

——你為何緊張？你需要什麼？

回到全體共治工作坊的話題來，羅伯森請自願者來玩角色扮演遊戲，讓大家見識見識全體共治下的會議。

請試著想像一位瀟灑帥氣的催眠師站在臺上，對現場觀眾宣稱他將讓一群人進入催眠狀態。他揮揮手，念了一串咒語，然後用堅定的眼神注視觀眾的眼睛——但沒效，觀眾沒有被催眠，同時覺得催眠師有點可憐，也不想破壞其他人的體驗，於是他們配合催眠師的表演，裝出被催眠的樣子。

如果你能想像得出那種尷尬的畫面，就可略知在華英社交俱樂部二樓這間會議室裡所上演的悲劇。我只能說，全體共治根本是愚蠢透頂。沒有主管，卻有一個「領導鏈結」（lead link）的角色，這個角色有點像主管，但不是主管，只是有點像。大家以「圈子」的形式工作，討論他們的「警訊」（也有稱張力，一種緊張狀態），羅伯森則扮演協調人的角色，決定解決爭議的方式。

「你需要什麼？」羅伯森問。

「我要行銷部門先確認過潛在客戶，再把名單送過來給我。」銷售部門的經理說。

「好，那我問你，你有權力要求行銷部門這麼做嗎？沒有，對不對？這不在他『圈子』的範圍內，所以我們要加一項『責任』。好，行銷經理，如果你先確認過潛在客戶，再把客戶名單交給銷售部門，有助於你達成目的嗎？」

行銷經理一臉困惑。

「請注意，我不是在問你：『你同意他的要求嗎？』我問的是：『這有助於你達成目的嗎？』如果你不想這麼做，也沒關係。但如果這件事能達到你的目的，你就必須做。」

「好吧。」行銷經理說。

「我這個協調人的工作，」羅伯森說，「就是問你們：『這件事是否能幫你達成目的？』以及『你有權力要求別人做這件事嗎？』如果答案是『沒有』，那我們接下來就要『想想怎麼讓你拿到你需要的東西』。」

下一場角色扮演遊戲，情境如下：銷售經理想降低產品售價，賣出更多商品；負責財務的女員工則希望商品維持高售價，以維持一定的利潤；有一些人說要做市場調查，研究其他公司的售價。

「她說：『做市場調查。』這有助於你達成目的嗎？」羅伯森問銷售經理，「答案是可以，所以我們應該做市場調查。」

類似的角色扮演遊戲不斷持續著，沒過多久志願者開始火大了。我完全能體會他們的心情，光是在旁邊看戲，我就煩得想跳窗而逃。

羅伯森問起大家的感想。

「我覺得很煩躁，」一個肌肉男回答，「實際情況真的是這樣做的嗎？因為我現在覺得你超級煩的。」

羅伯森依舊面不改色，無論大家提出什麼樣的問題或意見，他都能一派輕鬆地回應，而答案永遠是：無論你的問題是什麼，用全體共治來解決問題。

我開始思考這在現實生活中是否真的可行，並想像我以前的某些同事要是在這種體制下工作，肯定會用全體共治來干預同仁，不為什麼，只因為他們就是個混蛋。無論公司定下什麼樣的規則，惡劣的人就是會想辦法用那些規則對付其他人。羅伯森這套全體共治的前提是每個人都是好人，每個人都想盡可能地完成工作。現實生活中確實有這樣的好人，但也有很多人想方設法不完成自己分內的工作，還絞盡腦汁避免別人給他們更多工作。

「要是有人要求同事做一件事，章程說他有資格要求同事做這件事，也有助於同事達成目的，但是同事不肯做呢？」我提問，「這時候要怎麼辦？有人拒絕了他應該要做的事，該怎麼辦呢？可以請你們演出這樣的情境嗎？」

他們照這個劇本表演。在這個情境中，擔任協調人的羅伯森解決爭議的方式，就是對不願做事的同事說：她別無選擇，必須把這項責任加入她的工作清單。對此，我有兩個想法：第一，我不知道這和一般公司的處理方式哪裡不一樣，就是老闆叫你做一件事，你乖乖去做就對了。第二，羅伯森似乎認為協調人做了決定之後，所有人都會配合地照做。我當然也很希望大家能這樣合作，但就我過去工作的經驗來看，我很懷疑事情會這麼順利地結束。我想，結果應該是女員工多一項新的「責任」，會議結束後她怒氣沖沖地離開，然後在接下來的數週和盟友策劃一場反擊，下次開會時這些人會把各種要求施加在上次獲勝的傢伙身上。

一名與會的女性指出，全體共治應該很適合小公司使用，但如果要把這種制度運用在一家大公司裡，事情就會變得太過複雜。

「那妳有因此感知到『警訊』嗎？」羅伯森問道，「如果有，下次開會的時候妳可以談談這個『警訊』，看看能不能把大事化小，或整合角色。妳注意到我是怎麼做的了嗎？有人抱怨，妳就該用問題消除敵意，問對方：『你需要什麼？』」

我注意到他是怎麼做的了。不管我們提出什麼意見，羅伯森都會把它轉換成問句，丟回來給你，你根本得不到他的正面回答。如果有一個這樣的老闆，會把你逼瘋的。

在其他幾場的角色扮演裡，我們學習「治理會議」的運作模式，大家輪流「說出自己感知的警訊」，整個團隊再一起想辦法解決這個警訊。在全體共治下，團隊每週開一次戰術會議，每個月開一次治理會議，而一個員工可能同時身兼六個團隊的成員，也就是說，你可能每個月要參加二十四次戰術會議與四次治理會議。

「一開始，你們可能會覺得這種做法不夠快、不太方便，」羅伯森說，「剛開始實施全體共治，就是這個樣子。很多人抱怨這個制度沒效率，事情做很久還做不完，想用回以前的做事方法。」但你絕對不能那麼做，羅伯森如此說道。「這些流程過一段時間就會變快了，」他對我們保證，「一旦你適應了全體共治，每個人都會變得更有效率。我知道這很難，這就跟學瑜伽一樣，天天練習就能掌握要領。」

同樣的話，我也聽敏捷專家說過：組織採用敏捷軟體開發剛開始，常常會發現所有事情的時間都拉長了。敏捷大師說，工作一團混亂、人們備受挫折，這是整個過程的一部分。

治理會議也有固定的流程。首先，一個感知到「警訊」的人會提案，其他人接著提出異議，扮演協調人的羅伯森會判斷眾人的異議是否符合章程。我在參加工作坊的會議筆記中，寫著：**真是個瘋子**。

在角色扮演遊戲中，一個人的提案是讓最前線的銷售員任意定價格與改變價格。此話一出，馬上有人反對。

「你覺得這會傷害我們，或讓我們退步嗎？」協調人羅伯森問，「我不是在問你是否贊同他的提案，你只需回答『會』或『不會』就好。」

反對者回答「會」，他認為這項提案會傷害到公司。

「好，那你是**知道**這項提案會傷害到公司呢？還是這是你的**推測**？」羅伯森用娛樂節目主持人的聲調問他，「如果這項提案真的會造成傷害，那這個傷害是否小到我們能夠很快解決？」

反對者回答「是」，有必要的話把產品價格改回原樣就好了。

「好，照你的話來看，你的異議並不成立。」羅伯森說。

一名女性提出不同的反對意見，但羅伯森說那不是治理會議能解決的問題，必須等下次的戰術會議再討論。

整場會議都會記錄在一個軟體中，你必須點開選單、填表格。提案者（就是那個感知到「警訊」的人）要寫出自己的提案，最開頭必須是現在進行式的動詞，例如改變、允許或移除，而反對意見必須以陳述的形式記錄下來。

一名女性（姑且叫露西好了）反對提案，並表示他們正在考慮的改變或許可以解決提案者的「警訊」，但會給露西帶來新的「警訊」。換言之，解決了這個問題，只會造成新的問題。

羅伯森告訴她，這樣的反對意見不成立。「妳要先把『警訊』放在心裡，等一下結果。」他說，「如果我們解決了她的『警訊』，讓妳感知新的『警訊』，那我們就接著來解決妳的問題，但在此之前妳必須耐心等著輪到妳。」

會議還有一個「整合」步驟，是調解「警訊」與異議的步驟。羅伯森表示，治理會議應對的「時間盒」[3]為九十分鐘到兩小時內，每個人都必須在時限內解決各自的「警訊」與異議。

我無法想像這樣的會議要開上兩個小時，光是十五分鐘我的腦袋就受不了了。這場會議的筆記中，我寫下了這段話：**我想一槍斃了自己。要是真的參加這種會議，我會開始亂砸桌椅。**

羅伯森聲稱全體共治能培養「一種正念」（專注力），它不僅是完成工作的方法，「有時候還是幫助個人成長的祕密武器，我覺得這超酷的。」他還說：「全體共治也幫助人們管理自己的私生活，還有協調與配偶的關係。」他甚至告訴我們，他和太太相處時也會用全體共治模式。「如果太太提出某種警訊，就輪到她處理她的警訊，這時候我會幫她解決。等問題解決後，我會說：『好，現在我們可以來解決我的警訊了。』」

羅伯森的公司，HolacracyOne，有二十名員工，他還另外發了證照給五十名獨立的全體共治訓練師。現在使用全體共治的公司超過一千家，包含生產優格的達能公司（Dannon）、安永（Ernst & Young）顧問公司與喜達屋酒店及度假酒店國際集團（Starwood）都在進行小規模試運行計畫。

3. 在規劃特定事件或活動時，把工作拆分給定一段「固定長度」的時間段後，放入「盒子」中，這就是時間盒。

羅伯森承認，公司在轉型為全體共治的過程並不好受。零售網路鞋店薩波斯（Zappos）在二〇一五年要求員工接受全體共治，不然就滾蛋，當時將近三〇%的員工選擇離職，其他人雖然留下來了，卻感到痛苦不堪，以致過去連年登上《財富》雜誌「最佳工作場所」排行榜的薩波斯那年名落孫山。《財富》於二〇一六年一篇報導寫道：「數不清的指令、冗長的會議，以及不知道誰做了哪些事的混亂，使員工不知所措、沮喪氣餒。」每季度的全公司會議成了一個「結合馬戲團、心理治療與信仰復興布道會的奇怪組合」，人們感到「困惑、懊喪，而且不斷遭受快速的變化打擊」。

一名薩波斯員工在Glassdoor的APP上，指公司的「領導階層瘋了，他們做決策時完全無視員工與現實，不過公司派對挺好玩的」。

全體共治號稱是給員工自由與權力的新制度，實際上卻是教條主義與威權主義者。所有人都須遵守規則，而且是**一大堆**的規則。採用全體共治的薩波斯非但沒減少公司內部的勾心鬥角、沒有解決上司偏袒某些人的問題，反而使問題加劇。員工討厭成為社會實驗的受試者、被當人類白老鼠對待，痛恨這個系統本身比在其中工作的人還要重要。Quartz新聞網的艾米·格羅斯（Aimee Groth）表示：「薩波斯的全體共治沒有成功，是因為人類本來就無法像軟體那樣運作。」

然而，薩波斯執行長暨創辦人謝家華（Tony Hsieh）不願服輸，他更大力推行全體共治，還加入曾於麥肯錫顧問公司工作的比利時商業大師，弗雷德利．拉盧（Frederic Laloux），自創的「青色」（Teal）概念。青色不僅是管理學的新概念，它的提倡者號稱青色為……（擊鼓聲）……「人類意識演進的下一階段」。

薩波斯員工會得到「點數」和「徽章」，比起人類意識的下一階段，聽起來更像是回到了幼稚園。如果你想在薩波斯公司存活下去，就必須加入多個「圈子」，來達到等同全職工作的工作量。要是你不幸被踢出圈子，你可能得和「英雄之旅」（Hero's Journey）團隊的「為什麼教練」聊聊，或者請「轉型支持」（Transition Support）幫你找個新圈子，如果之後情況依舊沒改變，那就只能請你滾蛋了。

一定要把工作搞得這麼錯亂嗎？根據羅伯森的說法，傳統的等級制度已經不適合數位時代了。「我們在一九五〇年代使用的企業組織架構，只適用於當時的公司，」他說，「然而，即使只是過去的二十年，這個世界也已經徹底改變了。新世界打破了我們原本的工作模式，對傳統企業組織造成壓力，所以大家都要尋找組織運作的新方法。大部分企業的執行長都有一種直覺，認為一定有更好的管理方法。這些人看到全體共治，就被這種新方法所吸引——全體共治更有活力、更精實、更敏捷。」

精實敏捷聽起來很棒，但我質疑這些方法是否真能讓公司有效運作。我最近和一位執行長談話，他告訴我，他們公司的前任執行長採用了全體共治，而這個人一上任就將那整套制度丟進垃圾桶。「全體共治是幻覺，」他說，「它相信事物的自然狀態是『反熵』，意思是你不去干涉人事物，他們會自動變得更有紀律、更有效率。然而，一些宇宙論證據倒是與此相反。」

在這間公司工作的可憐傢伙，在花了好幾個月學習全體共治的工作模式後，現在又得刪除所有新習得的工作模式，回到之前他們已經忘記的舊模式。我們離危險的反烏托邦未來不遠了，那時會有不同的瘋狂工作大師帶領我們走上不同的路，每次換新方法就得重複刪除與學習的輪迴，而這些瘋狂大師唯一達成共識的，就是所有的這些改變對我們都是好的。

改變所致的心理混亂

一九九〇年代早期，北愛爾蘭貝爾法斯特市阿爾斯特大學商學院（Ulster Business School）副教授羅傑・史都華（Roger Stuart）進行一項研究，探討「激進式組織變革」對勞工會造成何種影響。史都華等五名研究者訪問了英國兩間大型工業公司的六十三名主管，這兩間公司都在進行大規模的組織重整與裁員。他們並不是訪問被遣散的員工，而是負責裁員的主管。

研究結果令史都華等人震驚不已。受訪的主管雖然表面上看似無恙，但當他們與研究者獨處，在訪談進行的那兩小時裡，這些冷靜沉著的英國人紛紛崩潰，並對研究者傾訴心聲。痛苦的訪談成了心理諮商，有些主管甚至希望以後能再回來多談一些，史都華的團隊也盡量地幫助他們。

「他們有不少人感受到壓力、憂慮、不安與傷痛，這些不僅是過渡期的『情緒起伏』，通常還是與災難甚至是虐待有關的創傷。」史都華在標題為〈組織變革的創傷〉（The Trauma of Organizational Change）的論文中寫道。

用「地震後家園受創、失去財產、家人受傷」來比喻企業裁員或組織重整，用詞似乎過於強烈，但史都華認為這是十分貼切的描述。他寫道：「事實上，在個人的想法、感受與行為方面，人們能以幾乎完全相同的方式體驗這兩件事。」

從史都華這項研究的論述來看，人們在企業發生變化時所感受到的痛苦，著實令人驚恐。根據史都華的說法，企業執行長可能會在管理顧問、管理大師與學者施予的壓力下，將員工逼到人類所能承受的極限狀態。值得一提的是，史都華並沒有引用杜拉克等商業名人的說法，而是參考了西格蒙德・佛洛伊德（Sigmund Freud）、伊莉莎白・庫伯勒–羅斯（Elisabeth Kübler-Ross）、以戰爭與暴力所致創傷之研究聞名的心理醫師羅伯特・傑・利夫頓（Robert Jay Lifton），與研究越戰軍人與創傷後壓力症候群的社會學家羅伯特・勞佛（Robert S. Laufer）等人的文獻資料。

史都華與企業主管的訪談實在令人痛心。史都華發現，有許多人用戰爭譬喻具有特殊意義。有人提到「手榴彈裁員方式，把手榴彈丟進一間辦公室，把二〇%的人炸飛」。還有人必須用藍筆或紅筆圈選員工的名字，決定他們的去留，那名主管表示：「我們把那個過程稱作『毒氣室管理』。那根本是噩夢，我想忘都忘不掉。」

史都華表明員工之所以感到壓力太大，是因為他們除了學習新的工作方法，還必須**忘掉**既有的工作模式，而「忘掉與重新學習」的目的，是要力圖達成「從舊到新的大躍進」。這句話是不是很熟悉？

此外，大部分公司會小心翼翼地預防工作意外與肢體傷害，卻不關心員工所受到的心理傷害。史都華建議公司進行「心理減壓」（psychological debriefing）與他所謂的「悲傷領導」（grief leadership）。為了讓他的論點對只在意收益的執行長更具說服力，他說公司必須照顧員工的心理，並非出於善意，而是對自己的公司有幫助。除非公司照顧好員工的心理健康，否則組織重整所帶來的好處，都將被實現重整的成本所抵銷。

當然，沒有人要聽史都華的勸諫。二十年後，也就是二〇一一年，英國樸茨茅斯大學管理學教授蓋瑞・芮斯與莎莉・朗博（Sally Rumbles）注意到一個新的職場現象。史都華研究諸如組織重整或裁員等短期變化對員工的影響，但這種影響通常是短暫的，因為重整計畫多半在六個月或一年內結束，改變也到此結束。芮斯與朗博發現，現在的公司常進行互相重疊交錯的「變革措施」，以致「對員工而言，工作環境總是充滿壓力與不確定性」。打個比方，史都華是在風平浪靜後訪問災民，而芮斯與朗博則是提出不同的問題：如果你生活在永不平息的颶風裡，會發生什麼事？

他們針對當地一百間進行「變革措施」公司的人資長調查，發現生活在不斷改變中的員工付出了極大代價。超過半數的受訪人資長表示，自家員工受沉重的壓力所苦，人人精疲力竭。而公司的狀況也沒有比較好，進行的所有改變並沒有為公司帶來好處。芮斯與朗博在標題為〈持續變革與組織性的工作倦怠〉（Continuous Change and Organizational Burnout）的論文中，發表了他們的研究結果。

我在二〇一七年夏季聯繫芮斯與朗博，他們在樸茨茅斯的辦公室裡，透過Skype與我對談。我問他們，從發表論文至今，情勢是否有所改變？他們告訴我，情勢確實變了——情況變得更糟。「工作持續增強，」朗博告訴我，「公司也製造了給人更多壓力的工作環境。」

芮斯與朗博表示，他們在自己學生身上看到了壓力所造成的影響。有很多學生會在課餘時間兼職，但現在已經沒有「兼職」的概念了。「雇主要求他們全年無休、全天候地待命。」朗博說。芮斯補充道：「人們總是忙碌於工作，但這不同。這跟以往的工作不一樣，現在有太多改變，而且步伐快速，造成了混亂的情勢。今天，一間大公司也許會一口氣進行二、三十個變革措施，這就是現在和三十年前的差別。」

更令人擔憂的是，現在的人資已經不再關心員工，甚至連裝裝樣子都省了。芮斯與朗博訪問過的人資大部分都表示他們知道員工的痛苦，卻沒有打算要解決這個問題。芮斯回憶道：「他們說：『對，我們遇到大幅改變造成的問題，也遇到員工身心俱疲的問題。』我們問：『你們有打算怎麼做嗎？』他們回答：『沒有。』」他表示，換作是二十年前的人資，至少也會假裝關心員工一下。

芮斯與朗博呼籲各家公司重新審視持續不斷的改變，因為這些改變其實有很大一部分都沒有意義。朗博表示，一篇調查了一千五百位企業經理的研究顯示，只有三〇％的「變革措施」能持續改進。「因為很多只是為了改變而改變。」她說。企業該降低改變的頻率，以更合理的速度、投入更多的思考來進行改變，並在每次的改變之間休養生息。朗博表示，企業變革「就像喪親之痛」，如果一階段的變革過後，給員工一段適應時間，新想法、新觀念才比較有可能扎根。芮斯與朗博給企業的最大建議，和史都華於一九九五年提出的建議相呼應：公司只需記得，他們的員工也是人。公司在作決策時，也應該納入「人的因素」，和生產力提高與財務業務等一起權衡。「我們必須給予尊重，」史都華寫道，「我們需要努力與**我們的人性相連結**，讓它在我們與他人的互動與關係中，擁有更大的發言權。」（粗體部分為原作者的重點標明）

善待他人，通常意味著放慢腳步。歐洲商學院教授海克．布魯奇（Heike Bruch）與卓欽．孟格斯（Jochen Menges）在二〇一〇年刊登於《哈佛商業評論》雜誌的文章〈加速陷阱〉（The Acceleration Trap）中寫道，放慢步調不只是善待員工而已，也是為公司好，因為當公司發展得過快時，最終也只會一事無成。

布魯奇與孟格斯一項針對九十二間公司的調查，發現半數公司有他們所謂的「過度加速」現象，被困在「加速陷阱」裡，意思是這些公司做得太多也太快。布魯奇與孟格斯提到，許多公司都採用敏捷開發與精實創業等「新型管理技術或組織系統」，他們提醒警告執行長們要避免「不斷地改變，或不停地加重負荷」的習慣。他們認為公司應該少做一些，給員工休息時間。布魯奇透過電子信件告訴我，從她發表研究報告至今這幾年，「受加速陷阱影響的公司似乎變多了」。

我對芮斯與朗博問道，他們是否看到了職場改進的希望，他們給了悲觀的答覆。「我看不到任何減慢的跡象。事實上，我認為改變會加速，而且雇主只會變得更咄咄逼人。」芮斯說。現在，幾乎任何工作都能轉移到海外，公司也知道他們能以此要挾員工。芮斯表示：「資方不必改變做法，反而能變本加厲。」

過去三十年研究者一直警告商人，職場變革的壓力會造成勞工創傷，創傷程度堪比戰爭、自然災害或喪親所造成的傷害。

儘管過去二十年的科技變革規模巨大，但現在以人工智慧與機器人形式的更大變革正向我們襲來。世界經濟論壇創始人兼執行主席克勞斯·施瓦布表示，我們正進入「第四次工業革命」，往後變革的速率只會持續加快。

施瓦布表示，網際網路時代的前四分之一世紀，已將許多人逼至崩潰的臨界點，甚至有不少人越過界線，感到「恐懼與幻滅」，「普遍感覺到不滿與不公」。但未來，他的描述聽起來著實恐怖：「我們正位處科技革命的邊緣，這場革命將從根本上改變我們生活、工作與相處的方式。」我們面臨人類前所未見的「大規模、大範圍、極其複雜」的變革。

二十年後，我們生活在現代人無法想像的世界時，會有多麼地恐懼與幻滅？儘管未來或許會是不可思議的，但我們的大腦不會因此而感到興奮。

第九章——去人性化：「想像自己是機器裡的小機器」

二〇〇八年七月的一天，法國電信（France Telecom，今稱 Orange）一名五十三歲的員工致信他的工會代表。這名員工是衛星技師，公司卻指派他到客服中心做新的工作，但他十分厭惡這份新工作，因為這工作讓他覺得自己像個「機械人偶」。他請求主管把他調到另一個職位，但主管拒絕了。員工寫信告訴工會代表，現在這份工作他做不下去了。信件寄出後，他走到火車站，跳軌自殺。

這名男子，是二〇〇八年到二〇一四年間，因工作壓力過大而自殺的**數十名**法國電信員工之一。一些自殺者為排除疑慮，特地在遺書中聲明，這份工作是他們選擇死亡的唯一因素。這波自殺潮在歐洲引起軒然大波，導致法國電信的執行長辭職。

這不是偶發事件。自殺者多半是五十多歲的工程師與技師，是法國電信想要解僱的員工，但由於他們是公務員，依法公司不能開除他們。於是，公司想到了一個方法：用工作折磨這些人，逼他們自行離職。公司採用的策略，是將這些員工派至客服中心工作。他們受到嚴密的監控，並被迫背誦對話腳本，就像個一名自殺員工在遺書中所寫的「會說話的機器人」。《英國醫學期刊》（*British Medical Journal*）寫道，習慣了自主、自由工作的專業人士，現在會因為遲到等小事而遭受處罰，而且上廁所還必須獲得主管同意。

公司的手段，是貶低員工尊嚴與去人性化——剝奪他們的人類特性。把他們當機器人對待，並把他們束縛在機器上，員工本身也必須表現得像臺機器。當然，自殺是非常極端的回應方式。這些人為什麼不辭職就好？為什麼有些人遭受這般對待會精神崩潰，有些人卻能咬牙撐下去？每個受害者的答案都不太一樣。不過，值得注意的是，他們的自殺揭露了他們的工作性質，而這樣的工作與工作環境正變得愈來愈普遍。想想那些被迫從事零工經濟工作的人；那些在亞馬遜倉庫裡忙著從貨架上取箱子，連上廁所的時間都沒有的人；或是那些在客服中心受機器監視、評量與管理，默默過著絕望生活的人。有些客服中心的員工幾乎沒機會與人類主管互動，只有在效能監視軟體「舉報」他們出錯時，主管特地前來數落他們。

即使是一般白領勞工，現代職場也充滿去人性化的政策與作業規則，有些很瑣碎，有些卻影響深重。我在探索勞工不快樂這個問題的過程中，發現不少壓力來源，例如薪資減少、工作不安全感，以及持續且無情的改變等。但是，職場不快樂因素的第四個也是最後一個——去人性化——可能是所有因素中危害最大的。

去人性化主要是科技所致。二、三十年前，電腦科技剛進入職場時，人們認為新科技能幫助他們提升工作效率，個人電腦、文字處理軟體與電子試算表，幫助我們完成了過去需要好幾個小時辛勞的任務。從前，我們使用科技；現在，我卻覺得是科技在使用我們。

現代的電腦比過去更強大、更普遍、更聰明。科技能連結供應鏈、銷售部門與會計部門；科技能監控客服部門的人類員工，甚至能完全取代人類，自行完成客服工作；科技能在電話推銷員達到目標額度時通知他們，或在他們沒能達標時警告他們；科技能決定誰被僱用、誰被開除。公司本身就像是一臺電腦，一種大型電子機械，我們人類不過是它的附加組件。

公司為了省錢，會盡量將組織的各方面自動化，從銷售、行銷到客服等，甚至連名稱有「人」字的人資部門也被自動化了。如果你對公司提出健保福利相關的問題，回應你的極可能是聊天機器人。當你找工作寄履歷給一家公司時，審查者很可能是某個軟體，而不是人，也就是你在和人類面試前必須先通過軟體這一關。公司仰賴愈來愈聰明的「求職者追蹤系統」（applicant tracking system）來篩選求職者，求職者也不停想出通過篩選的新招，有些人甚至用自己的人工智慧對戰公司的人工智慧系統。VMock，一種履歷回饋系統，利用機器學習預測分析和人工智慧技術讀取你的履歷，然後告訴你履歷怎麼寫會更好，並糾正你的措詞與語法，甚至能提供你履歷字型與格式的建議。《連線》雜誌於二〇一八年六月報導，到了二〇二五年，與人工智慧助理互動過的人數將多達十億。

企業主管又是如何測量員工士氣的呢？這個任務也能交由機器完成。現在的主管不再四處走動、和員工交談，而是使用 TinyPulse 等應用程式調查員工的快樂指數——他們顯然沒意識到，沒有人味的電子問卷調查，可能就是令員工不快樂的原因之一。我在新創公司工作的那段時期，動不動就要填寫這樣的問卷，有一次我看到這樣的問題：你覺得公司可以做些什麼來讓你更快樂？我給機器的回答是：「給我更多問卷。」

拜電子信箱、手機簡訊，以及 Slack、HipChat 等較新的通訊軟體所賜，連交談這麼基本的事情也愈來愈受到科技的影響。你有看過兩個人就坐在隔壁，或面對面坐著，但卻滑手機透過簡訊交流，而不是直接交談？顯然，現在有很多人喜歡這樣的互動模式。問題是，本該強化人際關係的電子工具，卻讓我們感到更孤獨、更無法建立關係——麻省理工學院社會學家雪莉·特克（Sherry Turkle）以「在一起孤獨」（alone together）來形容這個現象。

這些還是比較「輕微」的去人性化，更極端的案例多發生在亞馬遜航運中心等工作場所。航運中心裡的大部分工作都是由機器人完成，不過部分事務還是需要人來處理。很離譜的是，亞馬遜要求這些人類員工盡可能像機器人一樣地工作，他們的休息時間極少，分秒必爭地拚命達到目標額度。這些員工一再重複同樣的工作，有軟體監控他們的工作表現，為他們打分數，違規者也會被提報懲處。「其結果是，產生一個極度去人性化的工作環境。」非營利組織「地方自立協會」寫道。

對白領勞工而言，在亞馬遜工作就等同變成外掛程式，成為前員工在《紐約時報》一篇報導中所說「持續績效改進演算法」的一部分，讓影響力極其龐大的隱形機器監視你、評量你的工作表現，並依數據資料懲罰你。異乎尋常的是，很多亞馬遜員工接受這樣的對待，他們將自己的身分納入系統中，與演算法合而為一，而實際上他們也自稱「亞馬遜機器人」。

——機器人階級

優步旗下有三百萬名司機，這些人幾乎完全受軟體管理。有何不可？優步公司還大方承認，它希望有一天（盡快）能用自駕車完全取代人類司機。而現在，這間共乘服務公司給人類司機的待遇奇差無比，並與他們保持了一定的距離。軟體成了雇主與勞工之間的屏障。優步是什麼？它位在何處？它長什麼模樣？對司機而言，優步是個黑盒子，是智慧型手機螢幕上的應用程式。

優步司機極少與人類主管說過話，只有在加入優步時可能有機會和人類聊幾句，但很多時候不需這個過程便可加入眾司機的行列。管理他們的，是軟體「主管」，軟體會追蹤他們的績效表現，如果司機的評分低於標準，會停止他們透過優步載客的資格。軟體開發企業家大衛・海尼梅爾・漢森（David Heinemeier Hansson）表示，優步司機與其他零工經濟勞工是一種新階級——「機器人階級」（automaton class），這些人「被當成運輸與送貨機械的零件」。公司的核心不是人類，而是機器——是軟體——人類只是機器的附屬品。我們是受演算法操控的肉身人偶。

企業使用軟體來管理員工，最初是為了省錢，現在他們又發現了第二個好處：軟體能潛入員工的心理，並利用他們的弱點。優步利用從電玩成癮所學到的手法，透過軟體從心理上來操縱司機。公司還僱用數百位社會科學家，讓他們設計出行為科學技術來促使司機延長工時。

這是泰勒主義與管理科學概念一個新的變化。利用軟體驅動的心理操縱始於零工經濟，但它可能很快就會影響到我們其他人。《紐約時報》報導指出：「拉動心理槓桿，在未來可能成為管理美國勞工的主要方法。」大部分公司早已經將心理學技巧運用在消費者身上，以促使人們購買更多商品。

六十年前，心理學家埃里希・佛洛姆（Erich Fromm）在《健全的社會》（*The Sane Society*）一書中告誡世人，資本主義與自動化的結合將造成極深的心理傷害，導致普遍的疏離感、憂鬱與文化錯亂。「接下來五十到一百年……機器人會製造出像人一樣行動的機器，以及生產出像機器一樣行動的人。過去人類面臨了成為奴隸的危險，未來人類則是將面臨成為機器的危險。」

在早期的個人電腦與網際網路的發端，許多人相信科技進步對勞工有利，科技會給我們更多權力、自主性與自由，職場將變得更民主，基層員工對公司的營運方式有更大的發言權。但有些人開始感到憂心，其中不乏發明了新工作模式的人。在一九九〇年代，百森大學商學院（Babson College）商管教授湯瑪斯・達文波特（Thomas Davenport）與人合力發明了「企業流程再造」（business process reengineering），這是用電腦科技重整組織的一種策略。原本立意良善，但企業卻以「再造工程」為由解僱了大量員工。再造工程之父達文波特驚駭不已，他把解僱大批員工稱為「無謂的傷亡」，並認為這麼做的主管「將公司裡的人視為位元與位元組」。他表示這是個「遺忘了人性的流行」，並對自己參與其中感到十分懊悔。

在那之後，事情只有不斷走下坡。百森大學商學院的詹姆斯·胡帕斯（James Hoopes）教授在二〇〇五年提出警告，科技「不只能用來解放人類，也能用來控制人類」，更令人憂心的是，隨著主管依賴科技的程度提高，員工去人性化的情形會變本加厲。我在二〇一八年致信胡帕斯，問他對現今情勢的看法。「我害怕的事情成真了，」他回答，「不過現在不僅是員工去人性化，就連顧客也去人性化了。」

我到波士頓市郊的百森大學商學院拜訪胡帕斯時，他告訴我，現在許多公司利用資訊科技將客服自動化、強迫顧客和電腦系統互動，這種行為讓他非常失望。公司還用科技追蹤顧客使用產品的方式，蒐集顧客的資訊。不過，真正令胡帕斯大失所望的，是使用科技來對付勞工。「我想看到的是資訊科技幫助員工，讓工作變得更輕鬆，而不是用科技協助管理，來提高工作效率。」他說。

職場去人性化所造成的傷害，已有許多人研究過。首先，這會導致職場霸凌與騷擾，還可能造成憂鬱症、焦慮症與其他壓力相關的心理疾病。溫哥華英屬哥倫比亞大學心理學教授卡琳娜·克里斯多夫（Kalina Christoff）在二〇一四年發表了一份研究，顯示職場去人性化可能造成「隨時感到憂傷與憤怒」，並「使受害者感到被貶低、被否定，或意志消沉」。還有一篇研究顯示，遭去人性化的勞工會感到羞恥、自責，認知功能也會退步。

現代工作中的某個情況危害更是巨大，就是日益增加的電子監控系統。隱私權法規定國家監視人民是違法的（至少，理論上是如此），但雇主不受這條法律限制。你是一個不定期契約雇員，「公司想怎麼監視你都可以——而且他們進行的窺探一年比一年多。

——在圓形監獄工作

十八世紀，英國哲學家傑瑞米·邊沁（Jeremy Bentham）別出心裁，設計了一種能由一名獄卒看守多名囚犯的監獄。這是棟環形建築，獄卒坐在圓心的監視塔裡，囚犯則關在位於圓周的

1. 勞動契約分為定期契約與不定期契約，不定期契約根據的是「僱用自由意志」（employment-at-will）原則，亦即勞資雙方皆可隨時終止僱用關係，基本上不受法律限制，完全根據雙方的自由意志。

牢房裡，獄卒能透過監視裝置，時時注意每一間牢房的狀況。由於囚犯無法知道獄卒是否在監視他們，因此必須假設自己時時刻刻受監控，而沒有人敢違規。你可以利用囚犯的心理讓他們控制自己的行為，而不再需要僱用一群獄卒來監控。邊沁將這種監獄命名為「圓形監獄」，它的英文名稱「panopticon」源自希臘文，語意為「無所不見的地方」。

甚少有人興建圓形監獄，不過它常被用來比喻現代社會的權力與控制，最知名的例子是法國哲學家米歇爾．傅柯（Michel Foucault）提出的譬喻。研究職場監控的研究者常引用傅柯的著作，以「圓形監獄效應」（panoptic effect）討論職場監控對員工的影響。

現代職場上幾乎處處可見電子監控系統，有各式各樣的工具幫助雇主監視員工。「電子績效監視」（electronic performance monitoring）系統能追蹤員工的上班時間、休息時間、閒置時間——你在辦公室做什麼，都逃不過它的法眼。雇主通常會用演算法搜尋關鍵字，偷看我們收發的電子郵件，有時甚至會有人一一讀過我們傳出的訊息。美國管理協會（American Management Association）在二〇〇七年進行的一項調查，發現四〇%的公司會有人閱讀員工信件。你如果要傳訊息給同事，偷說你家執行長的壞話，可能要小心點了。

此外，公司還會監控我們在社群媒體的動態，有些人甚至會透過我們電腦上的鏡頭偷窺我們。公司會竊聽我們的電話通訊並錄音，用員工證、手環與手機追蹤定位。威斯康辛州一間名為三平方市場（Three Square Market，或稱 32M）的公司，甚至在員工手裡植入無線射頻辨識（radio frequency identification, RFID）晶片，員工只要揮揮手就可進出辦公室。有些公司會蒐集員工的聲紋、虹膜、指紋等生物資訊，一個常見的應用程式是「出勤紀錄系統」（time and attendance），使用指紋記錄員工的上下班時間。

伊利諾州有包括洲際酒店及度假村（Intercontinental Hotels）等數十間公司遭員工提起訴訟：公司蒐集了員工的指紋資料，員工以公司觸犯伊利諾州生物特徵辨識資訊隱私法為由提告。除了蒐集員工的生物資訊外，公司也會對顧客進行語音生物辨識，例如領航投資（Vanguard）等銀行會使用聲紋認證帳戶持有人，銷售語音生物辨識科技的紐安斯通訊公司（Nuance Communications）聲稱它蒐集了三億人的聲紋，每年進行超過五十億次聲紋認證。除了生物資訊外，公司還擅自窺探我們腦中的想法，它們讓員工進行人格訓練，以尋找操控員工的捷徑。根據《華爾街日報》的報導，一些組織，例如鋼鐵處理公司 SPS Companies，會用以人工智慧為基礎的工具評閱員工調查，揣測人們對工作真正的看法，而不是憑員工的填答判斷他們的想法。

企業聲稱監視是提升生產力、預防偷竊事件的必要措施，但有不少公司加入監視員工的行列，純粹是因為它們無法抗拒新科技的誘惑。一篇研究寫道，這些公司不需要做成本效益分析，「只需要監視員工，因為他們有能力這麼做」。同一篇研究還寫道，雇主從監視員工得來的利益，可能不及這對員工造成的傷害。

監視對員工造成的傷害不容小覷。監視創造了一個有毒且令人沮喪的工作環境，是充滿壓力、焦慮、憂鬱、疲勞、憤怒，甚至剝奪自我的數位血汗工廠。美國全國職業婦女協會（National Association of Working Women）於一九八〇年代，針對女性客服中心員工進行職場監視的調查，發現女性員工時常以強暴或性虐待等譬喻來形容自己對職場監視的感覺。另有一篇研究發現員工出現健康問題的次數急遽增加。AT&T曾調查辦公室文書工作者被監視與不受監視下的工作表現，被監視者出現脖頸僵硬、手腕痠痛、手指麻木，以及「心跳加速或心臟怦怦狂跳」、胃食道逆流等身體不適症狀的案數，顯著多於不受監視者。

加拿大隱私權保護專員（privacy commissioner）珍妮弗・史達特（Jennifer Stoddart）在二〇〇六年一場演講中說道，職場監控「會對員工的尊嚴、自由與自主的感受造成重大影響」。她警告說：「如果我們不限制日益普遍的監控，未來的職場可能會成為一個恐怖的地方。」

十二年過後，在我寫篇文章的今天，我們正被史達特所無法理解的方式監控著。大部分的監控科技都來自矽谷，科技公司是監視軟體與設備最大宗的使用者，人們的電子信件、聊天內容、即時通訊與網頁瀏覽資訊，都受到追蹤記錄。「他們掌握非常多資訊，真的很恐怖。」前臉書員工對《衛報》表示。這名前員工就是因為對記者洩露公司資訊遭開除。臉書僱了一批祕密警察，公司內部的稱呼是「捕鼠隊」，這些人專門調查涉嫌洩露公司機密的員工。遭開除的臉書員工告訴《衛報》：「如果有人不守規矩，他們就會把你像蟲子一樣踩扁。」

而據說，蘋果公司會在組織裡安排暗樁，監視員工的一舉一動，員工諷稱這些人為「蘋果蓋世太保」（Apple Gestapo）。[2] Google與亞馬遜皆鼓勵員工打同事的小報告，亞馬遜甚至提供了軟體工具，讓員工更方便告密。矽谷軟體製造商Workday寫了一整套人資相關程式，其中包括類似的告密軟體，現在有超過兩千家公司使用Workday的軟體。

有許多科技公司運作著一個現代版的老式銷售「鍋爐室」（boiler room，在密不透風的悶熱地方進行電話推銷）——將多半是社會新鮮人的數百名員工塞進客服中心，要他們每個人每天打幾十通電話，基本上他們就是電話推銷員。對部分員工而言，這份工作在摧殘他們的心靈，公司監視、監控員工的方式更是令人無忍受。

---

2. 蓋世太保，納粹德國時期的祕密警察。

雅典娜（Athena）在加州某知名大學拿到人文學學歷，畢業六個月後她受僱於評論網站 Yelp 工作。對於能在一間有電玩、有啤酒花園、位於舊金山新潮地區的科技公司工作，雅典娜感到非常興奮，然而她開始上班後沒多久就幻滅了。

在 Yelp，她的一舉一動都受軟體監視，通話內容也都被記錄下來。「我一天工作八小時，每兩分鐘就要重複做一次同樣的動作，這太沒人性了。我愈做愈憂鬱。有時候回到家，才晚上八點我就上床睡覺。我開始害怕去上班。」她撐了大概一個月，收到第一份（不如人意的）績效評量。她說：「那是非常可怕的一段經歷，我對 Yelp 失望透頂。」

——請稍候，機器人馬上就來

你下次找工作的時候，第一場面試的面試官可能不是人類，而是由人工智慧驅動的軟體系統。

你可能不會和人資部門的招募專員談話，而是坐在電腦，甚至是手機前，回答螢幕上出現的問題；你也許得用手機或電腦鏡頭錄下答案；你也可能要解謎或玩小遊戲，整個「面試」過程大約只有十分鐘。「面試」結束後，人工智慧演算法會迅速分析你錄製的影片，分析你說話的方式、用字遣詞，以及微小的面部表情。你有沒有露出笑容？你有沒有經常眨眼？你是不是常常揚起眉毛？如果機器人招募員認為你有資格與真人對談，你就能晉級到下一階段的面試。如果無法讓面試軟體留下好印象，就等著收一封客氣的感謝信吧。

這聽起來很像科幻故事，甚至有點像《銀翼殺手》（*Blade Runner*）裡用來區分真人與人造人的「人性測試」（Voight-Kampff test），但這是現今真實發生的事。猶他州一間名為「僱用你」（HireVue）的科技公司，提供一百多間公司面試軟體，客戶包括聯合利華與希爾頓全球酒店集團（Hilton Worldwide）。

公司喜歡使用人工智慧系統，是因為這些系統能讓他們篩選更多求職者——依據僱用你公司的說法，是舊式親自面試人數的十倍人數，而且可以在很短的時間內篩選完畢。希爾頓開始使用僱用你的人工智慧面試系統後，從招募到僱用之間的時間從六週縮減至五天。企業的另一個考量是多元化，僱用你公司表示，由於電腦沒有潛意識也沒有偏見，它們比人類更能挑選合適的求職者。

僱用你從二〇〇四年營運至今，公司一開始提供的服務，是讓公司用預先錄製的影片進行面試，可省下公司派招募專員到各所大學做初步面試的人力與費用，公司還可因此面試更多大學的學生與畢業生。僱用你執行長凱文．帕克（Kevin Parker）表示：「這能讓公司把視野放得更大，看見更多人。」

錄影面試系統美中不足的是，公司還是得找人類招募專員觀看每一段影片，即使招募專員加速影片播放，迅速做決定，人力與時間終究有限。帕克希望能擴大規模，他說：「我們開始思考：該怎麼用科技取代人類，完成這份工作？」

僱用你組了一支數據科學家、工業與組織心理學家團隊，將現有的科學概念，例如臉部動作單元（facial action unit）等，進行編碼成軟體。僱用你在兩年前推出這項新服務。

僱用你公司的合作對象超過七百間公司，包括耐吉（Nike）、英特爾（Intel）、漢威聯合（Honeywell）與達美航空（Delta Airlines），其中只有約一百家使用人工智慧評估服務。帕克表示，人工智慧評估系統這塊業務正疾速成長，目前為止，這套系統已分析超過五十萬部影片。

僱用你的客戶包括一間大銀行，這間銀行每天評估一千部影片。僱用你公司現在的業務規模之大，是過去所無法想像的。公司在剛成立的十二年裡，總共錄製了四百萬部影片，但現今的僱用你公司一年便能錄製到這個數量，而這只是剛開始。帕克表示，再過十年，人工智慧面試系統將成為司空見慣的常規工具。

在這個美麗新世界，求職者必須學習一套全新的技能。現在已經有許多顧問如雨後春筍般冒出來，教學生如何讓機器人老闆留下深刻印象。「『對著電腦說話』面試或人工智慧面試最大的挑戰是，你無法得到任何面試官對於你所說的話是否感興趣的回饋。」Finito 教育機構（Finito Education）的課程總監德瑞克・沃克（Derek Walker）表示。Finito 教育機構是倫敦的職業訓練顧問公司，近來也開始指導大學應屆畢業生如何在人工智慧面試中表現出色。

面對人工智慧面試官，人與人之間的非語言交流都消失了，大部分的人會因此感到不安。「這對我們人類而言，是完全陌生的一件事，」沃克表示，「我們習慣跟別人一來一往地對話，建立融洽關係，但是你不可能和機器建立默契或友誼，所以你會覺得不太舒服。有一部分的人覺得被機器面試，讓他們很緊張、很不安。」

沃克說，新的面試形式很令人不安，以致優秀的求職者表現不佳，沒能錄取。為避免這種情況，求職者該多加練習。沃克的學生大多是大學剛畢業的社會新鮮人，他協助他們學習在鏡頭前放輕鬆並感到自在。

沃克有三十年的員工招募經驗，曾於美林證券（Merrill Lynch）、巴克萊銀行與牛津大學賽德商學院（Saïd Business School at Oxford）工作，那段期間人員招募領域沒有太大的變動。據他所說，人工智慧面試系統「是多年來第一次重大創新」。

對我們而言，人工智慧面試系統還是新穎的科技，但在一、二十年後它可能成為例行公事。如此一來，將會產生一個可怕的影響。僱用你的系統能為每一個求職者建立極為詳細的個人檔案，甚至用問題與你的回答評估諸如同理心等人格特質。此外，僱用你公司近期收購了MindX，MindX會使用心理測量學遊戲與謎題評估一個人的認知能力、測驗你的智商與推理能力。理論上這個系統能看見你自己都沒看見的自我，甚至比你更了解你自己。

這就產生了兩個問題：蒐集的資訊類型，以及誰可以掌控這些資訊。二〇一七與二〇一八年，英國的劍橋分析公司（Cambridge Analytica）等公司，使用臉書線上謎題與測驗，蒐集數百萬名臉書使用者的心理變數（psychographic）資訊，並利用些資訊分析定義出不同用戶，投放針對性的政治廣告來操縱人心。此事被媒體露後，臉書備受抨擊。

那還只是臉書上的愚蠢小測驗，更何況是你在面試時所透露的更多資訊。僱用你機器人面試系統，取得了數百萬人的心理變數資訊，正在建立細節豐富的資料庫。而且，這些並不是匿名資訊，你的心理變數藍圖與你所有的個人相關資訊——姓名、住址、電子信箱、電話、工作經歷及學歷等都一覽無遺。他們還有你的面試影片，你在面試時所說的一切，都有可能一輩子陰魂不散地跟著你。要是人工智慧認為你「沒有競爭力」或「太過獨立」，或者「智商普通」，你是否就被排除在某些工作之外了？萬一你不小心說了「**靠！**」，電腦系統會不會標記你是個粗俗的人？

帕克表示，僱用你的確蒐集了大量資訊，「但我們非常小心地保護個人資訊」，公司雖然儲存資訊，但不是資訊的所有者，真正的所有者是付費使用僱用你服務的客戶。「我們只會用資訊幫助你面試和求職，不會把這些資訊拿去做其他用途。」帕克說。

很好。但問題是，這些資訊還是可能被重編譯、檢視、販售、分享、遭竊，以及被使用在我們無法想像的地方。當人們坐下來應徵銀行櫃員的工作時，真的知道他們犧牲了什麼嗎？就算他們明白提供個人資訊的風險，又能怎麼辦？選擇放棄這份工作嗎？為了加入勞動力市場，放棄隱私權會成為人們所需付出的代價。找工作意味了讓天網（Skynet）探入你內心深處，測驗你的智商、分析的你人格類型，以及了解你的怪癖與缺點。你存在著一個完整的心理變數檔案——你的大腦藍圖、你心中的想法——你卻無法掌控它。當你申請新工作，面試系統又增加了一筆你的檔案，過幾年你的檔案將更豐富且詳細。你能想像這些資訊對一個政黨或某些政府機構是多麼有價值嗎？以及他們取得這些資訊的用途？

在過去，招募、評估與僱用的整個過程沒有章法也不夠周延，你的資訊四散在不同的系統中，一部分以紙本形式存檔。這很混亂，但是類比世界的混亂，就是我們所謂的隱私。再過不久，數千家公司將蒐集到數百萬人的個人資訊，任何取得這些資料的人，都能研究清楚這些人做事的動機。我們常擔心人類被機器取代、擔心工作被自動化扼殺，但我們也應該擔心那些必須與人工智慧一起工作的人類。

機器決定僱用哪些人，有時（例如優步）也決定哪些人被解僱。做為一個物種，將對人類造成什麼樣的影響？從類比工作到數位工作的過程中，我們被推入了我們可能無法完全理解的協議中。在追求效率、提高生產力，用更少的資源做更多事情的過程中，我們可能必須放棄更大的東西來做為交換。

——你的下一位主管，可能會是電腦

瑞・達利歐（Ray Dalio）是全球最大避險基金公司橋水投資（Bridgewater Associates）的創辦人，也是全球最有錢的富豪之一。若我們照達利歐的理想前進，你的下一位主管可能會是臺電腦。過去數年來，達利歐試圖發展由人工智慧驅動的「自動管理系統」（automated management system），淘汰所有憑直覺管理下屬、手握「最棒的老闆」馬克杯、過時的人類主管。自動管理系統奠基於達利歐經營橋水基金的理念與程序——公司內部稱之為「原則」。熟悉該項目的員工對《華爾街日報》透露，自動管理系統「就像是試圖把瑞的大腦植入電腦一樣」。這項計畫有許多代號，例如「未來之書」（Book of the Future）、「唯一之事」（The One Thing），與「原則作業系統」（Principles Operating System, PriOS），而計畫主持人是創造IBM的「華生」人工智慧系統（Watson）的電腦科學家之一，大衛·費魯奇（David Ferrucci）。

人工智慧系統已是橋水等避險基金公司用以進行股票交易決策的工具，依照這個邏輯，下一步就是教導機器做商業決策了。達利歐於二〇一七年告訴財經科技新聞網站《商業內幕》，他預期橋水公司將在二〇二〇年開始使用「完整版本」的原則作業系統。同年在《浮華世界》雜誌的報導中，他將原則作業系統比喻為衛星導航系統：就像衛星導航會告訴你何時轉彎，原則作業系統也會告訴主管該做什麼決策，例如僱用什麼人、解僱什麼人，甚至連撥打電話的時間也幫你安排好。達利歐想和全世界分享他的新發明，他在二〇一七年告訴彭博新聞，科技公司都十分期待他的新產品。

用軟體管理公司的概念並非天馬行空。矽谷未來研究院（Institute for the Future）數年前寫出名叫「iCEO」的軟體，該軟體能完成大公司執行長的工作——未來研究所的研究者表示，就連高層主管也可以被人工智慧取代。其中一名研究員德文．費德勒（Devin Fidler），二〇一五年於《哈佛商業評論》雜誌文章中描述這項計畫，還警告道：「高層主管的職位保不了多久了。」

此事是好是壞，取決於人工智慧系統的編寫者與設計者。達利歐想用軟體複製自己在橋水基金培養的殘暴好鬥文化，對大多數人而言，那根本是場噩夢。即使是在避險基金的殘酷世界裡，邪教般的橋水基金也以令人震驚的惡劣程度著名。一名前員工向某州勞動委員會投訴橋水基金時寫道，那間公司是一個「恐懼與威嚇的熔爐」。

達利歐強迫所有橋水員工接受心理變數測驗（他超愛測驗，連自己的孩子小時候也接受過心理變數測驗，以規劃「他們未來的發展路線圖」）。警衛在辦公室裡四處巡邏，到處都有監視器，每一場會議都必須錄影錄音。員工的 iPad 需下載能隨時用「點數」（dot）給同事評分的應用程式，在每次開會時即時評分，接著由演算法蒐集每一場會議的點數，整理出每個員工的人格檔案，公司再依照檔案分配每個人的工作。公司鼓勵員工互相批評和打小報告，有些人甚至被煩擾到哭了。「如果真的有地獄，那這地方絕對是地獄。」一則 Glassdoor 評論寫道。同一名評論者還補充道：「它基本上就是邪教」，以及「人類實驗室」。

在真實的達利歐手下工作聽起來就已經很嚇人了，但達利歐的人工智慧複製版可能更可怕。想像一下，將一堆亂搞的企業文化寫入人工智慧電腦，然後把電腦交給你現在的白痴上司，讓他們用人工智慧為所欲為，而這就是瑞·達利歐想要我們接受的未來。

令我驚訝的是，居然有人一開始就認真聽達利歐胡言亂語。但是，這傢伙身價近一百八十億美元——他曾在一年內賺入四十億美元——當你身價值那麼多錢時，當然會有很多人聽你的意見。二〇一七年，達利歐出版了他的回憶錄《原則：生活和工作》（*Principles*），講述自己生活與工作的哲理，這本回憶錄甫出版便躍上了暢銷書之列。

達利歐在書中將人比喻成機器，但他的觀點與哲學家埃里希·佛洛姆不同，他非但不認為人類變得像機器是個恐怖噩夢，還認為這是好事。「想像自己是機器裡的小機器。」他緩慢而慎重地說著。他還建議我們，如果你是主管，那就想像自己在操作機器，並試圖得到最好的結果。

《原則》一書的起源，是一份長達百頁同樣稱為「原則」的員工手冊，這是所有橋水員工都會拿到的守則，內含兩百二十七條幫助你成為更好的人的原則。《紐約》雜誌曾寫道，那份守則讀起來像是「艾茵·蘭德與喬布拉（Deepak Chopra）一起創作的幸運餅乾籤文」。

書名也包含了作者「有原則」的概念，一般而言我們不會將避險基金經理與「原則」畫上等號。這本書將近六百頁，達利歐計畫出第二本回憶錄，顯然他有有很多的想法要說。想了解達利歐對他自己的看法，你可以翻開《原則》的第二頁，達利歐在說明自己為何寫這本書時，說他很希望已故的愛因斯坦、邱吉爾與李奧納多．達文西也能寫下他們的「原則」，由此可知他是如何看待自己的角色。

達利歐在金融界與專業顧問的圈子裡，確實是個英雄，但現在要推測他的想法會對世界造成何種影響，還操之過急。就算他沒能創造人工智慧主管，相信別人也會找到用電腦管理人類員工的方法。

其負面影響是顯而易見的，而且悲劇已經在某些情況下發生了。居住在洛杉磯、三十一歲的軟體工程師伊布拉辛．迪亞洛（Ibrahim Diallo）就是電腦管理人類的受害者，故障的軟體系統讓他丟了工作。故障的管理系統一直將迪亞洛當作被開除的員工，主管知道這是軟體的問題，但「那臺機器」一再停用迪亞洛進出辦公室用的員工證，也不讓他登入電腦。主管請示上級，上級寄了封信給人資部門——結果電腦自動回覆說迪亞洛不是通過身分認證的有效員工，於是警衛把迪亞洛趕出辦公室。迪亞洛告訴我：「我一開始笑個不停，這整件事又奇怪又好笑。」

這場鬧劇花了三個星期才徹底解決，迪亞洛回去工作，但過幾個月後決定離職。他表示，他從這次經驗學到了教訓：「自動化系統有它的價值，但我們也需要當機器故障時，讓人類接管系統的方法。」這一事件也揭露了人類遵從機器智能、並賦予電腦權力的傾向，這是因為我們相信電腦比我們聰明。你是否有過這樣的經驗，使用位智（Waze）導航系統時，雖然螢幕上顯示的路線很奇怪，但你還是照著指示走？如果有，你應該就能理解迪亞洛碰到的問題。好消息是，位智的指示通常是對的，就算不是，你也頂多走錯路，稍微耽擱一會。迪亞洛就沒那麼好運了，他連續好幾週沒領到薪水。但隨著我們日益依賴人工智慧來管理我們的工作場所，風險可能會變得更高。據估計，人工智慧在我們的生活中也將占有愈來愈重要的地位。

根據國際數據資訊（IDC）的預測，人工智慧軟體銷售額將從二〇一六年的八十億美元，成長至二〇二一年的五百二十億美元。機器人系統的銷售額將成長至三倍以上，從二〇一六年的六百五十億美元，至二〇二一年的兩千億美元。麥肯錫顧問公司表示，到了二〇三〇年，機器人會接管全球五分之一的工作，八億人將失業。布魯金斯學會（Brookings Institution）副主席達雷爾．韋斯特（Darrell West）在他二〇一八年出版的著作——《工作未來：機器人、人工智慧與自動化技術》（*The Future of Work: Robots, AI, and Automation*）——中寫道，待到二〇五〇年，美國勞動年齡的男性將有三分之一被機器人取代。

公司都喜愛機器人與人工智慧管理系統，因為機器不會出意外，不會請病假，也沒有複雜的私生活。機器不領薪水，也不要求雇主提供健保或401(k)計畫。也許有一天，投資人會創立完全不需活生生人類的公司，公司裡的員工都是機器人，管理者則是人工智慧軟體，即未來主義者所謂的「自治組織」（autonomous organization）。對投資人而言，這簡直是美夢般的世界——不過，到了那個未來，或許連投資人都不再是人類。二〇一六年，香港一支電腦科學家團隊推出了完全由人工智慧經營的避險基金，創辦人本・格策爾（Ben Goertzel）對《連線》雜誌表示：「就算我們死光了，它還是會繼續交易下去。」

人類該如何追上不停進步的科技？至目前為止，答案是「讓自己努力變得更像機器」。顯然我們需要B計畫。

PART THREE

THE NO-SHIT-SHERLOCK SCHOOL OF MANAGEMENT

第三部——

「經典」管理學派

第十章——工作魂之戰

二〇一七年的大半時間，我都在美國東奔西走，參加會議、發表演說，偶爾也會出國。二〇一七是瘋狂、動盪的一年，川普當選美國總統，股市蓬勃發展，同時卻有知名執行長被解僱，零售商如電影《搖滾萬萬歲》（*Spinal Tap*）裡的各任鼓手一樣地離奇消失，就連全球最大的幾間公司也感到惴惴不安。各式各樣的流言滿天飛，不斷有消息說矽谷正回復到一九九九年與二〇〇〇年，網際網路經濟崩潰前的樣子。收入不均的問題愈發惡化，卻沒有人關心。

二〇一七年五月，我到紐約參加 TechCrunch Disrupt 盛會，現場果然如我所料，感覺很糟糕。會場一側是稱為「新創巷」的新創展區，一群新創公司創辦人孤注一擲地砸下一千美元，租了攤位，希望自己的創意產品能被創投看見。會場另一邊是會議區，新創企業相關人士聚在一起談論新經濟。我最喜歡的講者，是位曾任ＩＢＭ管理顧問，擁有法律學位、工商管理碩士學位的四十歲大叔，他最近創立了一間球鞋網路銷售公司，因此他穿著一身十幾歲滑板小子的服裝登場：怪裡怪氣的T恤、長長的白色襯衣、反戴的鴨舌帽、沒綁鞋帶的紅色高筒球鞋、一枚巨大的戒指，左手還戴著超大手錶與時髦的編織皮革手環。TechCrunch Disrupt 集新經濟的錯誤於一身——真潮男、假潮男都出現了，會場到處是屁話、騙徒，以及一大群不擇手段想賺錢致富的人。

但在這場活動上發生了兩件意義非凡的事。首先，美國線上（AOL）創辦人史蒂芬．凱斯（Steve Case）上臺演講，談到他的投資公司 Revolution LLC，這間公司專門投資底特律、克里夫蘭、哥倫布、印第安納波利斯等城市的公司。凱斯會搭乘巴士四處奔波，舉辦投售競賽，將資金投入這些被人遺忘的城市，希望能刺激當地人創業，給閒置的勞工工作機會。「我們一直在破壞美國中心區域的就業機會，卻沒有把錢投入這些地方，資助創業者。」凱斯表示。這趟巴士巡禮名為「後進地區崛起」（Rise of the Rest），數月後，凱斯將為一億五千萬美元的種子基金取相同的名字——後進地區崛起。

第二件非凡的事，是零工經濟新創公司 Managed by Q 執行長丹．特蘭（Dan Teran）的演講。Managed by Q 為辦公室提供清潔服務，這間公司與眾不同的是，它挑戰了矽谷的傳統做法，將所有員工視為擁有完整福利的正式員工，而不是強迫他們做契約勞工。特蘭與清潔服務業競爭對手，Handy 公司執行長歐辛・漢拉罕（Oisin Hanrahan）同臺演說，漢拉罕的公司員工都是屬於契約勞工。兩位執行長禮貌地辯論兩種方法的優缺點，比起漢拉罕，特蘭更有說服力。更重要的是，我聽了這麼多有關新經濟的演講，他還是第一個想照顧員工、為勞工提供好工作的人。

會議結束後，我想辦法聯繫特蘭，並試著尋找更多像他這樣的人。我發現，一場沉默的運動正在逐漸成形，這場運動的主導者，都是看清糟糕的情勢、相信自己能用不同的商業模式解決問題的人。商業是賺錢的方法，同時也是改變社會、使人們脫離貧困的方法。我所遇到的每一個人都會把我介紹給其他人，所以我的職場之旅出現了意想不到的轉折，這讓我感到振奮和充滿希望。

這些人分別在不同的領域工作，但都支持英國商管教授莎莉・朗博在一次訪談中對我形容的「大家都知道管理學派」。朗博說：「你希望別人怎麼對待你，你就怎麼對待別人，只要你讚美他們、感謝他們，真令人意外，基本上他們就會把事情做得很好。」

這聽起來像是常識，不幸的是，公司應該對員工友善的想法已變得稀有，以至於有些人甚至認為公司對員工友善是不可能的事。我在最近的一場聚會上，和曾創立並成功經營數間軟體公司的退休執行長聊了起來，他問我在做些什麼，我告訴他我正在寫一本關於公司善待員工的書。他認為這個想法不切實際。「當你是一家創投公司時，你什麼都不能做。」他說。創投家不會允許你善待員工，等你的公司上市了，華爾街也不可能容許你這麼做。

半個世紀以來，銀行家與創投家被告知「只有他們最重要」、「公司是為了提供最大回饋給他們而存在」。這是股東資本主義的信條，米爾頓・傅利曼所提出的學說。網路經濟第二次蓬勃發展時期，一些公司採用不惜一切代價發展、投資人全拿的商業模式，將信條推到一個新的極致。除了創投家與寡頭獲利，其他所有人卻得承擔代價：

- **消費者**：從企業「快速行動，打破陳規」的口號中，獲得「最小可行性產品」（換言之：劣質品）。網路公司窺探與侵犯消費者的隱私，販售他們的資訊。對臉書等公司而言，使用者**就是**商品，我們的存在只為了被包裝起來賣給廣告商。
- **社區**：原本當因富裕企業在該地區設立總部而受益的社區，卻因科技業巨擘的逃稅，想盡辦法將巨額利潤存入海外帳戶等，而被淘空。
- **員工**：應該過著快樂、綽有餘裕的生活，卻被迫在充斥著有毒文化與壓力的環境下工作過度。他們面臨著偏見、歧視與性騷擾、愈來愈少的員工福利，以及一個沒有保障、零工工作的新契約。

「不惜一切代價發展」的商業模式令員工苦不堪言，而這幾乎可說是有意為之。更糟糕的是，這個商業模式並沒有發揮作用，至少在如果你想建立一個健康、獲利、能長久經營的組織上，並沒有作用。近年來上市的一些獨角獸新創公司感覺不再是公司，而是投資工具，就像是創投家組裝出的一臺小推車，把它推進市場，然後拖著一車金錢滿載而歸。不幸的是，這些搖搖晃晃的小推車可能隨時會解體。製作臉書小遊戲的**Zynga**公司在二〇一一年上市，沒過幾個月股價就開始下滑，從每股十三美元跌至每股三美元，就此一蹶不振。**Zynga**目前仍在營運，但我猜它等不到東山再起的一天了。

如果你的目標是讓公司快速成長、虧錢、盡可能地讓自己賺更多錢然後捲款逃走，那麼當然該虧待員工，否則這些作為就顯得不合理了。你應該採用矽谷寡頭雷德．霍夫曼的勞資新契約，以及網飛公司的「我們是一支團隊，不是一個家庭」理念，這兩者都是為了迎合「強行闖入」商業模式而發明的。

但是，如果你想打造一間過五十年、一百年仍屹立不搖的公司，就應該採取相反的措施。最近的一項學術研究表明，要建立一家真正成功的公司——超越競爭對手、獲利、長久經營的公司——就要特別善待員工。

麻省理工學院史隆管理學院的珊妮普．湯恩（**Zeynep Ton**）教授在研究低成本零售商時發現，營運得最成功的公司，並不是那些將勞動力成本削減至最低的公司，而是「重金投資員工的公司。它們將勞動力視為有價值、值得強化的資產，而不是必須嚴密控制的巨額支出。」湯恩在《聰明老闆都懂的好工作策略》（*The Good Jobs Strategy*）一書中如此寫道，此書詳細說明了好市多（Costco）、星巴克、優比速（UPS）與豐田汽車等模範公司的商業模式。湯恩的研究結果顯示，成功的公司往往比競爭對手更大方支薪，甚至**人力過剩**，人手超出業務所需，以維持人力調度的彈性。

如何成為最佳工作場所

你也可以向那些員工長期維持快樂狀態的公司學習。《財富》雜誌每年和權威評選機構「卓越職場研究院」（Great Place to Work）合作，列出美國前一百名最佳雇主，過去二十年來，有幾間公司年年上榜，《財富》雜誌稱它們為「傳奇」（Legend）。這些「傳奇」包括科技業的思科系統（Cisco）與賽仕電腦軟體（SAS Institute）、零售業的REI與諾德斯特龍百貨公司

（Nordstrom）、建築公司的 TDIndustries、銀行業的高盛（Goldman Sachs）、飯店業的萬豪國際（Marriott）與四季酒店（Four Seasons），以及連鎖超市衛格門（Wegmans）與美國大眾超級市場（Publix）。

這些公司有哪些共同點？它們是不同產業的公司，整體而言並不相似，除了兩件事：它們都非常成功，給員工的待遇也都非常好。這不表示它們辦公室裡有桌球桌、免費糖果，或古怪的新紀元團隊建立活動。相反地，這意味著它們提供有薪假、托嬰服務，以及大學學費補助。

所有的傳奇公司連兼職員工都有保健保，有些甚至提供兼職員工有薪病假、休假與假期等福利。那麼，我們能從中學到什麼呢？省略掉桌球以及公司宗旨、企業文化等新時代廢話，並提供給人們真正在意、重視的東西。

值得注意的是，大部分的傳奇公司都沒有上市，它們不是私有企業就是員工共有的公司。公司上市和員工不快樂之間的關聯，在於公司首次公開發行通常使最上層的少數人致富，對其他人卻無濟於事，而且公司一旦上市，華爾街就會開始對管理階層施壓，為圖利投資客而剝奪員工的權益。

另外，大部分的傳奇企業都有一定的年紀，我在前文提到的十家公司中，有八家公司創立於一九六二年前，即使是最年輕的思科系統也創立於一九八四年。即使在今天的新經濟環境，一些舊時代的道德觀念依然成立。加州奧克蘭卓越職場研究院所長艾德．弗勞海姆（Ed Frauenheim）表示：「這些公司有能力改變和發展，但它們擁有的自己的價值觀，並恪守自己的價值觀。」

卓越職場研究院分析了它每年蒐集的資料，以找出這些屹立不搖的傳奇公司究竟有哪些相同的特質，最後得到的結論是：「信任、自豪與同志情誼。」弗勞海姆就像口頭禪似地說。卓越職場研究院不只做研究，也是倡議團體，該組織在五十八國設有分支機構，其使命是幫助各國企業改善勞工待遇與工作場所。它提出許多技巧與方法，濃縮成一句話就是：善待別人。給員工**最好**的待遇。收穫是：「尊重別人，他們會用最好的工作表現回報你。」

近年來，卓越職場研究院開始關注矽谷與舊金山的科技公司，他們也注意到了我所觀察到的，一些令人擔憂的現象：雷德．霍夫曼的著作《聯盟世代》中的短期作戰任務與新契約、網飛與珮蒂．麥寇德吹捧的「我們是一支團隊，不是一個家庭」理念。科技公司相信，股東資本主義的極端形式能產出較高的利潤。公司是他們的實驗室，員工則是他們的實驗白老鼠。這些人的想法是否正確，還有待商榷，正如弗勞海姆所說的：「實驗正在進行。」

兩種對立的世界觀正在爭奪企業的靈魂。一方是像霍夫曼的矽谷寡頭與麥寇德等人資專家，另一方則是弗勞海姆與卓越職場研究院其他研究者，他們深信善待員工的公司才能成功，而且，如全食超市創立者約翰・麥凱（John Mackey）在《品格致勝：以自覺資本主義創造企業的永續及獲利》（*Conscious Capitalism*）一書中寫的：「商業能提升人類道德。」

當然，今天的職場已和過往不同，人們不再希望一輩子都在同一間公司工作，而公司也不再終身僱用員工。公司希望擁有更多的彈性、有更多的約聘人員，這樣組織才能隨著商業需求來調整人力。

「但是，就算你僱用非傳統員工，」弗勞海姆表示，「人們還是希望能建立信任基礎，他們需要有被照顧的感覺、公司會為他們尋求最大利益，而且不會突然間被解僱。」這不僅僅是為了善待而善待，弗勞海姆強調：「創造出始終維持良好工作環境的公司，在競爭中會領先於競爭對手。」

話雖如此，為善待而善待，仍然與善待員工有關。這有什麼問題嗎？為什麼必須找一個商業理由來讓人遵循黃金標準？給別人尊重與尊嚴，不因人種、年齡或性別而歧視他們，這都是做人的根本。是否投資人和老闆已經迷失了人性，以至於為了讓他們按道德行事，唯一方法就是向他們證明，這麼做會讓他們變得更富有？

有些公司不需要商業論點，而有些純粹只因它是正確的事而做。他們給員工高於行情的薪資福利，即使如此會減少一些利潤，老闆賺的錢會稍微少一點，股東收益也稍微少一些，他們也會認為那就這樣吧。

——讓世界變得更好

我曾做了兩季ＨＢＯ喜劇《矽谷群瞎傳》的編劇，這個節目經常開那些老是說要「改變世界」、「在宇宙中留下痕跡」、「讓世界變得更好」的科技業者玩笑。我們很憤世嫉俗，這是當然的，因為這麼說的科技業老闆通常都只是一派胡言。

企業確實能讓世界變得更美好，只不過它們的方式和矽谷所認為的不一樣。科技巨頭傾向於認為，製作數百萬人使用的熱門應用程式，或創立能賺數十億美元的公司，就能改變世界、讓世界變得更美好。

但是，你不必觸及數百萬人的生活或賺入數十億美元，也能改變世界。你只需多僱用十個人，並讓他們擁有健保、合理的薪資、能夠快樂地工作，那麼你就能讓這個世界變得更美好。只要你照規定納稅、協助興建學校、資助兒童營養，就能讓世界變得更美好。

我名單上的第一批人，在二〇〇四年成立了他們的公司。從創業開始，便一直有人說他們瘋了，或是太懶惰、太愚笨、太天真。然而，十四年後的今天，他們把公司經營得欣欣向榮，世界各地的經理與企業家都慕名到位於芝加哥的總部，花錢參加他們的專題研討會，聽這兩個「瘋子」闡述他們非常規的經營理念。去年，我有幸成為他們的學員。

第十一章——Basecamp：回到根本

傑森·福萊德（Jason Fried）與大衛·海尼梅爾·漢森是芝加哥 Basecamp 軟體公司的老闆，依照矽谷的規則來看，他們做的每件事都與矽谷背道而馳：他們不曾吸引創投資金；他們不打算讓公司上市；他們不執著於企業成長；他們沒有銷售代表，而且他們幾乎沒有花錢做行銷。Basecamp 有五十四名員工，一週最多工作四十小時，到了夏天，每週工時調整至三十二小時，所以員工可以週休三日，還能領取全薪。縮短工作時間，代表了員工完成的工作量減少，然而福萊德與漢森不介意。他們並不急著讓公司快速成長。

「矽谷人說我們不夠有野心。」福萊德告訴我。那是六月一個週四早上，九點三十分非常合宜的時間，我們在他辦公室附近共進早餐。「我覺得沒關係，我們並不想變成三百人的公司，我們只想打造自己想在裡頭工作的公司。」

他們想工作的公司，是對員工慷慨大方，並能長期僱用員工，永續發展的公司。福萊德表示，**Basecamp** 付給員工高薪，並提供「全世界最好的福利」。額外津貼包括：每個月補助一百美元健身房會員費，一百美元按摩費，如果你想租共同工作空間，公司也會補助你一百美元。此外，**Basecamp** 每年提供一千美元助學金，鼓勵員工終身學習；如果你做慈善捐贈，公司也願意捐出同額款項，一年的捐贈額是一千美元。公司採利潤分享制度，提撥雇員 **401(*k*)** 退休福利計畫的相應金額，以及支付七五%的健保費。員工每年有三週有薪假，大約一週的節日假期，還有額外的事假。每工作三年，可以休一個月的帶薪休假，此外還有十六週產假與六週陪產假。在公司工作超過一年的員工，每年可以申請額度最高五千美元的旅遊補助去度假。「我們給單身員工、情侶、家庭設計了最合適的假期，而且全都符合預算。」福萊德說。

你可以在任何地方、任何時間工作。**Basecamp** 的員工分布世界各地，加拿大、巴西、香港、澳洲，還有幾個歐洲國家都有他們的員工。只有十四名員工住在芝加哥，雖然他們在總部都有自己的辦公桌位，但大部分人每週還是會有幾天在家上班。

福萊德和漢森不願透露他們的個人所得，只表示 **Basecamp**「每年獲利數千萬美元」，這筆錢再由他們兩人分得。數年前，一份科技刊物估計漢森身價四千萬美元，他擁有多輛價值數百萬美元的名車，且興趣昂貴，熱衷參加「利曼**24**小時耐久賽」（**24 Hours of Le Mans**）等賽車活動。漢森目前三十八歲，已婚，家裡有兩個小孩，他和家人有一半的時間住在加州馬里布，另一半的時間待在西班牙太陽海岸。住在西班牙是方便漢森參加歐洲的賽車，除此之外，他坦言：「主要因為西班牙是個很適合居住的地方。」

福萊德目前四十四歲，留有一頭捲髮、修得很整齊的鬍子，以及跑步健將的身材。他和太太育有一名兒子，現在即將迎接第二個孩子。福萊德盡可能地留在在家裡陪伴家人，所以不會有一大清早的早餐會報，不會有工作晚餐，也不會熬夜工作。能在風光明媚的六月天，早上九點半悠閒地開啟新的一天，是他自己創立公司的動機之一。

「當企業家的基本前提是自由，」福萊德說，「這就是很多人自己創業的原因——他們要自由。」

漢森和福萊德不想成為下一個馬克·祖克柏，在他們看來，以此為目標的人都有點瘋狂。他們花很多時間鼓勵有抱負的企業家，以更健康的方式來經營公司，以善待員工、好好照顧他們為開始，同樣地，也要好好照顧自己。別花那麼多時間工作，別給自己太大的壓力，讓自己快樂過活。

他們寫了幾本書分享這種優閒哲學，包括全球銷售超過五十萬冊的《工作大解放》（*Rework*）。最近他們正在寫一本新書《平靜的公司》（*The Calm Company*），以及錄製播客節目《The Distance》，分享一些小故事，談談他們欣賞的小公司老闆，從威斯康辛州一間家族經營的釀酒廠，談到芝加哥一間專門做動物造形奶油的四十年老公司。

福萊德與漢森透過著書與文章，開拓了自己的管理大師事業。他們常在會議上演說，甚至在芝加哥的 Basecamp 辦公室辦專題研討會，幫助人學習在短時間內完成更多工作的具體細節。

這就是我來芝加哥的原因。用完早餐，我和福萊德前往 Basecamp 辦公室，那裡有三十七名繳了一千美元學費的學員在等著。有些人千里迢迢來到 Basecamp，就是為了從福萊德與漢森身上學習管理技巧。

——簡單生活與豐厚利潤

福萊德在亞利桑那大學學習金融理財，一九九六年畢業。數年後，網路經濟起飛，他在芝加哥創立 37signals 公司，為企業設計網站。二〇〇〇年初期，福萊德僱用當時還在家鄉丹麥讀大學的漢森，請他開發一套專案管理工具，幫助 37signals 追蹤他們為客戶做的工作。漢森（他姓名的縮寫「DHH」在軟體駭客界小有名氣）在二〇〇四年寫了 Basecamp 的第一個版本。

在寫 Basecamp 時，漢森還創造了一套 web 應用框架（web framework），這是幫助程式設計師更有效率地寫網路應用程式的工具，透過標準程序完成大部分網路應用程式都有的某些功能——例如從資料庫提取資訊。漢森將應用框架命名為 Ruby on Rails，並將它做為開放原始碼產品免費給任何人使用。Ruby on Rails 非常成功，現在有超過一百萬個網站使用漢森的工具，這也使他成為網頁開發人員的一個傳奇。

福萊德最初創造 Basecamp 是要給自己使用的，他後來嗅了到其中的商機。福萊德是對的，Basecamp 開始熱銷，不久後 37signals 不再為其他公司設計網站，轉而販售軟體工具。亞馬遜創辦人傑佛瑞．貝佐斯在科技會議聽了福萊德的演講，對他的公司產生興趣，並從福萊德與漢森手中買下公司的一小部分股權。在那之後，Basecamp 便再也沒收過外界資金。

到了二〇一四年，Basecamp 問世十年後，37signals 雖生意興隆，卻也面臨了一個重要關頭：公司目前銷售的軟體產品有五種，若要持續發展並更新這五款軟體，就必須僱用更多員工。但福萊德與漢森喜歡小規模經營，於是售出四款產品，專注在 Basecamp 軟體上，並以 Basecamp 做為公司的新名字。

少了另外四款產品後，漢森與福萊德覺得生活簡單了許多，福萊德表示：「那幾年我們的收益稍微下滑，但這又有什麼關係？我們不用達到哪個金額，也不必擔心公開市場的相關業務，那些都不重要。我們還是能支付高薪，不必削減員工福利，而且仍然可以獲得豐厚利潤。」

Basecamp 軟體相當簡單（也有人認為它「太陽春」），它輔助工作團隊協力完成專案，並記錄追蹤每個團隊成員的工作進度。這些年來，**Basecamp** 試過許多不同的定價，有一段時期，客戶只需每月付二十九美元便能使用 **Basecamp** 軟體。到了二〇一四年，最新版 **Basecamp** 軟體出爐，福萊德與漢森簡化產品價格。無論你的公司有多少員工，價錢都一樣，你可以每月付九十九美元，或年繳九百九十九美元。

倘若 **Basecamp** 以客戶的員工人數計價，確實會比統一定價賺得多，這也是大多數軟體公司的做法，但「這麼一來，我們就會變成我們不想成為的那種公司。」福萊德表示，「軟體的價錢為什麼要這麼複雜？就是因為大家想要獲取最大值。我對『最大』沒有興趣。那這樣我們不是少賺了很多錢？是的，我們每天都少賺了一點。但我們不想成為斤斤計較的人，而這一切均取決於你想擁有什麼樣的公司？」

Basecamp 的付費客戶有超過十萬間公司，福萊德與漢森不願多談營收的事，但我大略估計，**Basecamp** 每年應該能賺五千萬到七千萬美元。

——增加信號，減少雜訊

專題研討會在中午開始，大部分學員都是美國來的，但有一名女性大老遠從羅馬尼亞來到芝加哥，還有兩名男性是挪威一間軟體開發公司的老闆。安德斯（Anders）表示：「我們想幫助員工提升生產力，但我們也希望能讓他們情緒穩定地工作，不會覺得有太大壓力。」

福萊德開始授課，他首先說明 Basecamp 公司「不做」的事：他們不排會議時間，不共用行事曆，不使用Slack等通訊應用程式，不過 Basecamp 應用程式有內建的聊天與即時通訊功能，員工會使用這些應用程式進行溝通。另外，Basecamp 員工不使用電子信箱。福萊德告訴我們：「使用 Basecamp 軟體，就沒有用電子信箱的必要了。」

他們公司沒有產品衝刺期，沒有人熬夜，沒有啤酒派對，沒有桌球桌——也沒有噪音。在芝加哥的 Basecamp 總部，員工都謹守「圖書館規則」，壓低音量交談，牆上裝了吸音板，地板鋪了厚厚的地毯。「我覺得辦公室應該像圖書館，而不是廚房。」福萊德說，「有時你走進一間公司，看到所有人都像熱鍋上的螞蟻四處奔走，有太多令人分心的事物。我們這裡的公司文化是『保持安靜』。」

奇怪的是，Basecamp 公司賣的是辦公室生產力軟體，它自己的兩位創辦人卻不願過分依賴科技工具。

「你可以看到，」漢森說，「因為使用 Slack 通訊軟體的關係，很多人都把注意力放在聊天群組上，結果在做事或溝通時不斷被打斷，反而覺得壓力很大。這些工具本該讓工作更輕鬆、更有效率且冷靜，結果卻讓你更煩躁，問題更嚴重，而沒有任何具體的回報。使用即時通訊軟體做為溝通平臺六個月後，很多人完成的工作反而比之前**更少**。如果從中你能獲得些什麼，像是你覺得：『我完成的工作量多了三〇%。』那也許是值得的，但是我從來沒聽人這樣說過。」

線上共用行事曆也是同樣的道理。在大部分的公司，同事可以查看你的行事曆，預約一段時間，沒過多久你會發現自己整天都在開會。Basecamp 禁止員工共用行事曆，如果你真的需要找人討論，可以安排時間，但你不能只看別人的行事曆一眼，就任意定下對方的時間。

這有部分是因為福萊德與漢森極度厭惡開會，福萊德認為合作經常演變成「過度合作」，而且大部分都是在廢話。他認為腦力激盪「被過分高估。有些科技公司很奇怪，他們整天都在腦力激盪。我們一年只進行一次腦力激盪，然後其他時間都在執行這件事。」

Basecamp 的目標，是讓員工每天有八小時不受干擾的工作時間，之後他們就應該回家。「有些人說他們一週工作八十小時。我們為什麼需要八十小時的工作時間？」漢森說，「沒有人需要八十小時，我們員工大部分連四十小時都做不滿。」

Basecamp 員工之間的通訊，完全是透過 Basecamp 軟體進行。軟體會在每週一早上問員工一些例行問題：這週你在忙些什麼工作？這個週末你在做什麼？你看了什麼書？你不必回答所有的問題，這些例行問題只是讓其他人了解你的工作進度，在傳遞訊息的同時也省去開會的時間。一天結束後，軟體會再問一道例行問題：你今天做了哪些事？這些例行問題，讓公司分布在澳洲、美國、歐洲等不同時區的員工能了解彼此的工作內容與進度。

Basecamp 公司還有一條規定：團隊要小，專案要短。專案小組大多只有三名成員，專案進行的時間也不超過六週，這也代表了盡量維持小規模的專案。若專案規模太大，團隊不會為了趕上截止日而熬夜工作或施壓——他們會砍掉計畫的某些部分，減少工作量。「我們總是縮小事情的範圍，而不是把事情擴大。」福萊德說。到了六週期限的尾聲，團隊會決定接下來要處理的事情。

公司內最多人的是客服團隊，總共有十六人負責接聽客戶的電話。但公司的所有員工都必須輪流在服務臺工作，基本上每個人每六週會當一天客服員，「這樣大家都能直接聽到客戶的意見，了解客戶遇到的困擾或令客戶開心的事。」福萊德表示。

Basecamp 公司的產品不常改版，過去十三年來，只推出了三個主要版本。福萊德表示，他們是模仿汽車產業，每六、七年推出新版本；他們特別喜歡保時捷，保時捷的 911 跑車從一九六三年至今一直維持同樣的造型。

每年的春秋兩季，Basecamp 會將所有員工召集到芝加哥一個星期，主要是為了社交。有些團隊會舉辦自己的聚會，在紐澳良或佛羅里達租一棟房子，讓團隊成員可以一起工作幾天。但除此之外，大部分員工都是獨自工作的，公司也不會記錄每個人的工作時數。「我們可以追蹤大家的工作時間，」福萊德說，「但我們不會這麼做。」

他會花心思關心員工的個人生活，培養家庭的感覺。員工利用早上的例行問題時間，和其他人分享新生兒或滑雪旅行的照片，還有個住在澳洲的員工喜歡做木工，他會貼自己做木櫃的照片。「常有人問我：『你為什麼要花錢讓人分享他們週末做的事，或貼木櫃的照片？』但我覺得這很重要，」福萊德告訴我們，「這些人是我的工作夥伴，我想多多認識他們。」

Basecamp 不同於矽谷許多科技公司，它會盡量留住員工，福萊德也以公司員工的留存率為傲。有七〇%的員工在公司待了超過四年，五〇%待了超過五年。策略主管萊恩．辛格（Ryan

Singer）早在十五年前就加入 Basecamp 的大家庭。「我如果去別地方工作，可能可以賺更多錢或拿到公司股份，但是我去那些公司就得整天開會，也不能隨心所欲地去旅行，那不值得。」他說，「最重要的是，在 Basecamp，我可以控制自己的時間，沒有人可以預約我行事曆上的某個時段。我有時間思考、彈性工時，還可以找時間學習新技能，以及去不同部門工作挑戰自己。」

矽谷一些人不知該如何看待 Basecamp，其他一些人則十分厭惡 Basecamp 的企業文化。「他們對我們說，我們很可愛，我們是一家可愛的小生活風格企業。」福萊德表示，「我們的員工能在這間公司任職更久，我們的員工更快樂，他們花更多時間和家人在一起，他們可以享受夏季時光。還有人對我說：『史蒂夫．賈伯斯要是星期五都不工作，就不可能創建蘋果公司。』我並不是在創建蘋果公司，我也不在乎史蒂夫．賈伯斯做了什麼。」

二〇一七年，福萊德與漢森在推特和凱斯．拉波斯辯論，拉波斯是知名創投家，以及堅持工作狂是取得成功唯一途徑的矽谷二流寡頭。（來喚醒一下你的記憶：拉波斯就是前文提到過在史丹佛辱罵同性戀者的傢伙。他另一個聲名大噪的事蹟，是因捲入性醜聞，在二〇一三年辭去 Square 公司營運長之職。此前，他鼓勵男友應徵 Square 公司的職位，卻沒有對任何人提起他們之間的關係，後來兩人分手，男友以性騷擾為由威脅要對拉波斯與 Square 提告。）拉波斯花不少時間使用推特，經常透過推特霸凌或侮辱他人，是個川普式的強硬傢伙。漢森發表一篇文章，表明工作狂沒有意義，而且還是一種騙局——一種富有的創投家要年輕人努力工作到死，來讓自己變得更有錢的方式；拉波斯看了這篇文章後，發起攻勢：「這篇貼文最適合那些想一事無成的懶人了。」

福萊德與漢森回應道，他們認為自己相當成功，畢竟他們經營的科技公司已經賺錢賺了十八年。拉波斯的回覆是：「我不認為價值三千萬美元的公司有什麼吸引人的。」

福萊德辯道，所謂「成功」是能持續經營下去，他認為自己家附近一間營運二十年的乾洗店，也算是成功的案例。拉波斯回應道：「太棒了。我不反對說服你家附近的乾洗店寫部落格。」

兩方不停爭辯，拉波斯愈說愈激動，言詞也愈來愈惹人生厭。他說，成功的新創公司老闆不會有時間寫部落格。他炫耀自己的成功，炫耀自己的財富，還表示，沒有賺大錢的人就該安靜一點。他在推特寫道：「你如果創建一間幾十億美元的公司，或是投資二十家以上這樣的公司，或是從二〇〇三至二〇一三年賺到八十五倍以上收益，才有資格發表意見。」

一名女性寫道，她平時努力工作，但也會去度假，她相信自己能打造一間成功的公司。拉波斯嗆道：「繼續編故事給自己聽吧，妳開心就好。」

有人指出，漢森是 Ruby on Rails 的創作者，現在有超過一百萬個網站使用他寫的軟體。拉波斯不屑地表示，Ruby on Rails 並不是什麼厲害的科技。

福萊德與漢森大概沒能說服工作狂放鬆心情，但他們做到了另一件事——他們引出拉波斯，揭露了那種在矽谷掌握權力和影響力、荒謬且自大的混蛋。並且警告年輕企業家：從創投家那裡拿錢，最終就是必須幫這種自得意滿、尖酸刻薄、自以為學識淵博的混蛋做事，這種人會不斷地說你不夠努力工作，自己則整天掛在推特上和別人爭論。

奮鬥

擁護工作狂的，絕不只有拉波斯一個人。我在二〇一七年為《紐約時報》寫了一篇專欄評論，描述了矽谷那些商販向年輕人銷售的「成功福音」：他們說任何人都能創業——沒錯，連你也可以創業——並賺大錢，你只要放棄朋友、家人與正常生活，把自己操到死就行。那篇文章是我在偶然聽到的一個最荒謬的創業故事後，有感而發之作。一名年輕新創公司創辦人快沒錢了，做出了一個極端提議：只要有人投資二十五萬美元給他的公司，他就捐出自己的一顆腎臟。我找到了那個人並透過電話採訪他，就我看來，「捐腎男」是認真的。我寫信給矽谷知名的天使投資人傑森．卡拉卡尼斯（Jason Calacanis），詢問他願不願意因為捐腎男要捐腎，而考慮投資那間公司。卡拉卡尼斯回覆道：「那是我這幾年來聽到最糟糕的提案。」我猜這是「不會」的意思。

對我而言，捐腎男的故事反映了科技新創公司的世界已經變得瘋狂，主動犧牲身體部位或許只是這種文化下的必然結果——創業者（通常是年輕男性）不斷受到前輩的挑戰，要他們把創業視為去帕里斯島（Parris Island）參加美國海軍陸戰隊特訓，不斷地被咆哮：**你想成功嗎？你有多想要成功？我不覺得你有成功的本事！**矽谷人不認為工作狂是個問題，反而大肆吹捧這種信念，甚至有些人認為年輕科技業者不夠努力工作。麥可．莫里茨（Michael Moritz），知名創投公司紅杉資本（Sequoia Capital）合夥人，近期為《金融時報》寫了一篇文章，鼓勵美國科技業者要跟上中國同行的腳步——每週工作六天、每天工作十四小時、幾乎不放假，以及每天只看他們的小孩幾分鐘。

在矽谷，**奮鬥**成了新的流行語，人們身穿**奮鬥**T恤、參加**奮鬥**訓練營，每年還有幾千人花三百美元參加奮鬥大會（Hustle Con），聽奮鬥專家的奮鬥祕訣——而這本身也是一種奮鬥。

最出名的奮鬥者是蓋瑞・范納洽（Gary Vaynerchuk），又稱「蓋瑞・V」（Gary Vee），據說這位科技企業家與天使投資人身價五千萬美元。范納洽的座右銘是「打扁它！」（Crush It!），他的推特帳號有將近兩百萬名追蹤者，他出版了好幾本暢銷書，並四處演講與製作影片。

在臺上的他，變成了華納卡通《樂一通》（*Looney Tunes*）裡那隻大嘴怪 Taz 的化身，簡直是對勵志演說家的惡搞。想像一下，一個小個子、沒刮鬍子、身穿T恤，在喝了幾瓶紅牛後就滿口髒話的安東尼・羅賓斯（Anthony Robbins），你就能明白我的意思。范納洽告訴追隨者，他們若想要「閃閃發光」，買私人噴射機，就必須每天工作十八小時，不能有私生活，不能休息，不能度假。更重要的是，他們必須年年如此地奮鬥生活。范納洽有一句名言：你要吃魚子醬之前，你得先吃屎。他在臺上對觀眾說：「我要你們在接下來的十年都吃屎。」就我個人而言，我會放棄這筆交易。出於我無法理解的理由，很多人崇拜范納洽，每次他辦活動都會有一堆粉絲蜂擁參與。

我的《紐約時報》專欄文章中，還討論到拉波斯與漢森的工作狂辯論。有人把那篇文章的網址轉貼給拉波斯，當然，拉波斯在推特發文，說我的文章「荒唐」且「無知」。

科學家萊尼・泰特爾曼（Lenny Teytelman）對拉波斯指出，有不少科學家蒐集的數據顯示，不停工作對人有害且適得其反。拉波斯用一串侮辱性言語反擊，說泰特爾曼根本不懂怎麼建立好公司。「等你成功了再來發表意見。」拉波斯在推特寫道。

我在此聲明，泰特爾曼在哥倫比亞大學研讀數學，並取得加利福尼亞大學柏克萊分校的遺傳學與計算生物學博士學位，後來在麻省理工學院一間著名幹細胞研究室待了四年。那之後，他成立了一間新創公司，為科學家提供線上資料庫與儲存空間。然而，身價數十億美元的拉波斯在和泰特爾曼有關科學與如何創立公司的爭論中，竟聲稱這位擁有科學博士學位的新創公司創辦人沒資格發表意見。

加速奔上死路

福萊德在一次精實創業會議上發表重點演講，他問臺下六百名的科技業者，有多少人一天能不受干擾地連續工作四小時，他說大概只有一〇%的人舉手。

「這不只發生在科技業，到處都有這個現象。」福萊德說，「我們參加很多會議，發表很多場演說，大家都在討論這件事。『我工作的時間變長，完成的事情為什麼卻變少了？』沒有人能得到自己預期的結果。大家都對績效成長執迷不悟，但沒有人知道理由是什麼。」

結果，勞工被逼到了極限，快被燃燒殆盡。始作俑者是拉波斯等創投家，他們推銷給（大多是男性）年輕創業者一種充滿男子氣概的科技宅男突擊隊生活方式——這對創投家來說當然有利，這些人什麼事都不用做，等公司成功時，他們就能從中獲得最大的利益。

「這些人把創業說得好像《飢餓遊戲》，」漢森說，「很多人用看似謙遜的方式誇耀自己有多累、多疲勞，把讓人爆肝的努力說得冠冕堂皇。這所有一切都是在服務創投家。但相信我，沒有一個創投家每週工作一百二十小時。」

漢森與福萊德表示，他們無法忍受媒體對創投挹注資金的阿諛報導，也無法忍受記者興奮地大肆報導，虧錢的獨角獸公司以令人難以置信的估值，籌集到了新一輪的創投資金。

「為什麼都沒有人問這些公司，上一輪獲得的資金都用到哪裡去了？」福萊德說，「這些是失敗的案例，卻被當成功案例來宣揚。」

現在就連商學院也開始美化不擇手段讓公司成長、快速賺致富然後逃之夭夭的商業模式。「有的學生什麼事都還沒做，就開始討論退場策略（exit strategy）了。商學院不教人如何經營公司，如何降低成本、開源節流，反而教學生如何找錢、如何籌集資金、如何寫A輪（第一次）融資合約，以及如何退場。整整一代人都在接受這樣的教育：這就是你經營企業的方法。真是令人震驚。」福萊德表示。

此亂象源自科技新創公司，但現在「矽谷那些人被當作英雄人物，」漢森說，「所有人都視他們為榜樣，並試著效仿他們，而這也是他們的鬼扯淡不斷蔓延的原因。」

更糟的是，矽谷科技業者開始善於壓制異議，如果你敢與他們的意見相左，就會被當成怪人、反科技分子而被解僱，或像漢森與福萊德一樣，被拉波斯這樣的人在推特上嘲諷是個「不懂」的傢伙。

因此，「大家不敢出聲，」漢森說，「沒有人想當說國王沒穿衣服的那個人。但這也是為什麼把訊息傳達出去，是如此重要的原因。」

第十二章——Managed by Q：「大家都要打掃」

艾倫．埃里克森（Allan Erickson）最近剛開始一份新工作，在一家名為 Managed by Q 提供辦公室清潔服務的新創公司上大夜班。他的主管把他拉到一旁，指向一個跪在地上清潔辦公桌底側的年輕男子。

「你知道他是誰嗎？」主管說，「他是丹，負責發薪水的人。他是這間公司的老闆。」

丹．特蘭，Managed by Q 的執行長，當時二十六歲。比他年長十歲的埃里克森深受感動，他放下手中的抹布，走過去和特蘭握手並自我介紹。「他為什麼會在這裡打掃？我的意思是，他是公司的老闆耶。」埃里克森回憶說，「你不會看到優步執行長開車載客，或看到麥當勞執行長在煎漢堡肉。」

然而，位於紐約的 Managed by Q 的一項政策，是特蘭所說的：「大家都要打掃。」不論你的頭銜是什麼，進公司的第一份工作，就是外出做清潔員。

「打掃辦公室非常辛苦，我希望全公司上下都能發自內心地理解在這個領域工作的人有多辛苦。」特蘭說。他還表示：「你看到一個人刷洗馬桶的樣子，就能真正認識那個人的個性。」我不認為我以前的主管與老闆會願意做清潔工作，但光是想像其中幾個人辛苦打掃的樣子，就給了我極大的快樂。

特蘭現在二十九歲了，他不是典型的新創公司執行長，他的「Q 公司」——名字源自《007》電影裡，專門為特務詹姆士．龐德研發武器與道具的 Q 先生——也不是典型的零工經濟新創公司。

Q 與其他零工經濟公司的最大不同，在於對待員工的方式。Q 公司將員工歸為 W-2 雇員（受僱者），公司提供他們健保、401(k)退休福利計畫與股票選擇權；Q 公司的起薪是每小時 12.50 美元，以及一套慷慨的有薪休假政策。最重要的是，員工有內部升遷的機會，能從清潔員轉任辦公室裡的職務。

矽谷創投家普遍認為，零工經濟公司若想要生存下來，只有將勞工歸類為 1099 承包人（自僱者、獨立工），例如優步就把司機列為承包人。根據估計，使用 1099 承包人的規定可以節省三〇%的勞動成本。

特蘭則是逆勢操作，賭那些創投家是錯的。廉價勞工在短期內可能對公司有利，但在特蘭看來，長期下來公司將會付出沉重代價，甚至造成致命的錯誤。這似乎有些矛盾，但特蘭相信增加勞動支出，最終能提高他的利潤，客戶滿意度會上升，以及員工流動率會降低。低流動率意味著，Q公司可以不用花那麼多時間在招募、僱用及訓練新人上，來補足離職員工的空缺。特蘭表示：「人們認為他們必須在經營好公司，或當個好雇主之間二擇一，但這其實是個假議題。」

Q公司透過盡量壓低其他方面的成本，來實現兩者兼具的目標。Q公司租了紐約蘇荷區一棟大樓的十一樓做為辦公室，很多科技新創公司會花大錢建造華美的辦公室，但Q公司的裝潢一點也不花稍：木地板、白牆壁與許多大窗戶。沒有內牆隔開的挑高開放式空間裡擺著幾張長桌，員工並肩坐在桌前工作；一組附有滾輪的看臺可以四處移動並組裝，做為開會時用；辦公室一側則是小廚房。特蘭工作的小辦公室裡，有一張沙發、幾張椅子、一臺大電視，還有幾面白板，擺設非常簡單。「我們重視節儉。」特蘭說。

他的私生活也相當節儉。他住在布魯克林區一間低收入戶合作住宅（co-op），那是他大學剛畢業時買的房子。「我不用住在很好的地方，」他說，「我這個人很好養，我父親生前是木匠，他說存錢最好的方法就是量入為出。」

特蘭的經營理念還受珊妮普・湯恩影響，湯恩是麻省理工學院史隆管理學院的教授，著有《聰明老闆都懂的好工作策略》一書，她認為星巴克與好市多等公司能成功，是因為他們提供優渥的薪資與福利。建立一個良好工作場所的聲譽，會更容易招募到新員工，甚至能幫助公司吸引新客戶。「一部分的賭注是，我們能夠因建立了一個良好工作場所的品牌，而更有能力滿足客戶的需求。」特蘭表示。

目前看來，特蘭的這一賭注似乎有了回饋。Q公司的客戶與員工留存率高於業界平均。經營四年後，Q公司有將近八百名員工，其中六百人是清潔員，兩百人是辦公室工作者。它的營業範圍含括紐約、洛杉磯、芝加哥、波士頓與舊金山灣區，有一千三百個客戶。在二〇一八年，Q公司的業績有望翻倍。

對特蘭而言，這只是剛開始。他想要經營的不僅僅是一家清潔公司，他希望在未來，清潔業務只是Q公司業務的一小部分。

社會正義與擴大規模

特蘭過去在約翰．霍普金斯大學讀國際關係與都市公共政策，他表示：「我大學時一堂商學課程都沒修過。」大學時期，他在巴爾的摩市當社區組織者，以及在紐約一間律師事務所實習，跟著艾琳．布羅克維奇（Erin Brockovich）學習環境案件相關事務。

讀高中時，特蘭曾為國際仁人家園（Habitat for Humanity）的志工，在新墨西哥州納瓦荷族（Navajo）保留地與墨西哥提華納市附近的孤兒院服務。他參加了天主教堂的青少年團體，積極參與社會議題。「我從以前就對社會正義很感興趣。」他說。特蘭曾考慮朝政治或法律發展，但後來他發現「企業對社會產生影響作用，企業的規模愈大，影響的程度就愈大。」

他在二〇一四年和創業夥伴莎曼．拉曼尼安（Saman Rahmanian）一同創立Q公司，後來拉曼尼安退出合夥。創業第一年，公司的清潔員人手不足，特蘭只得親自動手。「我整天在辦公室工作，晚上再繼續打掃。」他說。

很快地，特蘭開始擴大經營，提供額外的服務。現在，Q公司除了清潔員之外，也為公司提供維護、維修人員，以及提供資訊科技服務；Q公司甚至提供辦公室臨時工與接待員。

特蘭還想提供油漆、水電、搬家與暖通空調等服務，為此，他創立了 Q Marketplace，做為連結客戶與服務供應商的仲介。例如，芝加哥客戶辦公室的洗手槽壞了，可以上 Q Marketplace 網站尋找當地的水電工，水電工可以立刻來修理洗手槽。這和 TaskRabbit 零工平臺不太一樣，你可以用TaskRabbit找人完成任何工作，而 Q Marketplace 的服務供應商都經過審查，且只提供辦公室相關服務。

為將兩邊業務區隔開來，Q 公司將原先的清掃業務稱為 Q 服務（Q Services），這部分仍占 Q 公司收入的九五%，不過特蘭認為 Q Marketplace 未來將超越 Q 服務。

特蘭的最終目標，是包辦實體空間所需的每一項服務，他以亞馬遜網路服務公司（Amazon Web Services）做為參考。現今的大部分公司都不再自行架設並管理數據中心，而是填幾份表格，租用亞馬遜網路服務公司電腦的運算能力，他們也許連亞馬遜網路服務公司使用哪種電腦、誰在管理伺服器都不曉得。在特蘭的最終版本中，未來律師事務所或廣告公司可以租一間新辦公室，打電話給 Q 公司，之後再也不必為實體辦公室的雜務費神，Q 公司會包辦所有服務，每個月寄一張繳費單給客戶。清潔工作可以交由 Q 公司員工完成，而安裝空調系統等工作，則由 Q 公司委託承包商完成，但客戶完全不必煩惱這些，他們只需在應用程式中點選幾個選項，Q 公司便會將一切安排妥當。

特蘭希望有一天Q公司能將服務帶到全世界，建立全球辦公室服務的供需平臺。「這聽起來像科幻小說，但它將會實現。」特蘭表示。

這就是特蘭對創投家兜售的大膽願景，他稱之為「辦公室作業系統」。Q公司已經籌集七千萬美元的創投資金，有些創投家選擇不投資Q公司，是因為特蘭堅持將清潔員列為W-2雇員。被這個問題絆住的投資人，並沒有看到特蘭更為野心勃勃的「辦公室作業系統」的願景，一個需要十年甚至更長時間才能實現的願景。特蘭說：「有些人不明白我們的賭注。」

特蘭集結了一支管理團隊，團員都是業界老手，這些人有工商管理碩士學位，曾任管理顧問，以及在亞馬遜、《哈芬登郵報》與GitHub公司工作的經驗。二〇一七年，Q公司收購了開發辦公室管理軟體的迷你新創公司Hivy，以完善Q服務已開發的軟體。

——注意差距

零工經濟公司必須面對管理兩種不同員工的挑戰，在Q公司裡，即有負責清潔的藍領員工，與在總部工作的新創公司白領員工兩種不同員工。「他們之間有一道巨大的鴻溝。」人資與文化總監瑪麗亞．鄧恩（Maria Dunn）表示，「我必須教辦公室裡的主管如何和現場的工作人員溝通，兩邊是完全不同的世界，但我們努力地縮小兩邊的差距，我覺得這會是成功的關鍵。」

鄧恩從小居住在紐約阿伯尼市北邊一座藍領城鎮，母親是護理師，也是單親媽媽。鄧恩大學期間在餐廳打工以賺取學費，畢業後到仰賴藍領勞力的公司當人資，後來才進入曼哈頓的新創科技業。她之所以受Q公司吸引，是因為這間公司照顧員工。「我認為投資員工，並讓他們成為公司的一部分，從長遠來看，這會是比較好的商業模式。」她說。

鄧恩在二〇一六年年底加入Q公司，她發現公司雖然提供員工很好的福利，但清潔員卻不曉得有這些福利。「常有人說：『等一下，原來你們有401(k)退休福利計畫？天啊，我之前都沒聽說。』」而有些「作業員」（這是Q公司對清潔員的稱呼）知道公司有提供福利，卻不敢提這件事。「僱用工程師的時候，他們一進來就問：『你們會給員工股份嗎？那401(k)退休福利計畫呢？』可是領時薪的員工就不太敢問起公司的福利了。」鄧恩表示。

為此公司特地組織了一支小組，透過在辦公室舉辦「小隊集會」的方式，對員工詳細地解說公司裡的各種福利與可用資源。「基本上，我們就是像導遊般揮著旗子，帶著員工導覽公司提供了哪些福利，而除了時薪之外，還有哪些不同形式的津貼可以領取。」鄧恩說。

每週工時三十小時以上的員工，公司會幫其投保健保，基本型健保由公司全額支付，但只涵蓋員工本人的保險，其他的保險方案自己需負擔部分保費。另外，Q公司也提供401(k)退休福利計畫，並提撥五〇%的金額存入員工退休帳戶，以及一套員工持股計畫。

有些藍領員工得知公司有401(k)計畫時，一臉狐疑。鄧恩說：「我們告訴他們：『你看，公司幫你定了一個儲蓄計畫，你存入六%，但最後可以領到九%。』而他們的表情像是在說：『等一下，這是不是陷阱？』」

對Q公司許多員工而言，在這間公司待下去的主要動力並不是福利。公司內部的調查顯示，最主要的動力是職涯發展——在這間公司，員工有升遷機會，有機會往上爬並賺更多的錢。

「對作業員來說，他們剛進來的時候是清潔員，但以後有機會坐在辦公桌前打電腦，這樣的機會很有吸引力。」鄧恩說，「大家都在想辦法成長，想辦法往上爬。」

葛瑞格．布雷奇（Greg Brech）剛加入Q公司時只是個清潔員，但他打從一開始就以升遷為目標。當時二十八歲的他在舊金山當服務生，看到Q公司的徵才廣告。「我點閱薪資福利那一頁時，認為這一定是詐騙廣告。因為福利太好了，好到難以置信。」他說。

他對健保最感興趣，不過「公司承諾有內部升遷的機會也很重要，我知道我有足夠的幹勁，可以往上爬」。布雷奇以前曾做過辦公室的工作，也讀過大學，但沒有完成學業。

布雷奇做了一年多的清潔員，期間被晉升為負責訓練新人的輔導員。他搬回自己的故鄉紐約，繼續擔任Q公司的輔導員。後來Q公司開出招募員的職缺，布瑞克受邀應徵，成功當上了招募員。

現在，布雷奇每週瀏覽數百份履歷表，從中篩選十到十五人進行個人面試，並僱用三到四人。布雷奇會告訴每個新進清潔員，他以前也是從清潔員做起，後來晉升成為白領員工。「只要你們把事情做好，就有機會可以升遷，」他告訴他們，「我們不是說好聽話而已。」

布雷奇是最早從清潔員晉升為辦公室職員的員工之一，他認為自己能做到這件事，歸功於公司開放、友善的環境。「我們感覺就像一家人。」他說。

如果你和Q公司員工聊起公司，經常會聽他們提到「家的感覺」。提雅娜・格林－孟羅（Tianna Green-Munroe）一開始也是清潔員，但現在是Q公司紐約總公司的行政人員。「出了自己家，這裡就是我的家，是我的第二個家庭。」她說。

格林－孟羅在當了大約一年的清潔員後，晉升成為總公司的接待員，接著不到一年又升為辦公室協調員。她目前年近三十，已婚，有個幼小的兒子。她懷孕期間與生產等醫藥費用均有保險給付，Q公司也提供十二週的有薪產假。

格林－孟羅說，最重要的是，她的同事都給了她十足的支持，有人送花到醫院，有人在她請產假時每天打電話關心她，他們甚至幫嬰兒做了一件Q公司連身衣，格林－孟羅帶小孩到辦公室時，所有人都為之瘋狂。這聽起來或許很虛假、很老套，但別人的關心對我們而言意義十分重大。「這份工作改變了我的人生。」格林－孟羅說。

前文提到過的，看到特蘭和清潔員一起打掃、在桌子下爬來爬去，感到震驚不已的艾倫．埃里克森，他也有類似的經驗。埃里克森住在紐約布朗克斯區，他曾在約翰．甘迺迪國際機場（JFK Airport）當行李搬運員，以及在31冰淇淋（Baskin-Robbins）與麥當勞打工。在Q公司工作的這兩年半，他被升職了五次，現在他是管理三十名作業員的小主管。

對埃里克森而言，能升遷確實很棒，不過真正有意義的是，他在辦公室遇到特蘭時，老闆都會花一兩分鐘和他聊天，問候埃里克森家中狀況，甚至還記得埃里克森兒子的小名。「他第一次問我這些事的時候，我差點哭出來。」埃里克森說，「他平常做那麼多事，已經夠忙了，但他還是抽出時間來問候我工作做得如何、我兒子的近況，而且是叫我兒子的小名。」

微不足道的小事，為何意義會如此重大？記得別人小孩的名字，或在別人生小孩時送花，這些都是基本禮儀，你不用花費太多力氣或金錢就做得到。然而，這些舉動讓許多人深受感動，我猜這是因為很多勞工，尤其是那些在許多組織第一線工作的低收入勞工，在大部分的工作生涯中總感覺自己是透明人，因此當有老闆花時間**認識**他們時，這讓他們十分驚喜。從投資報酬率的角度而言，這些貼心小舉動也許是全世界最有效的管理技巧之一。

一九七〇年代晚期，湯姆．彼得斯在惠普公司看到類似的情形，他在管理學經典著作《追求卓越》中，將這種管理方法稱為「走動式管理」（**management by wandering around, MBWA**），自此之後彼得斯便不停推廣這種親民的管理理念。走動式管理的概念人盡皆知，它甚至有自己的維基百科（Wikipedia）頁面，然而甚少有主管採取這種管理方法，新經濟公司尤其如此。

我在新創公司的行銷部門工作時，行銷長很少和我們交談，你想找他談話，必須先預約面談時間，但在那之前你得先找他的助理，而助理幾乎讓他與世隔絕。行銷長申請了「TINYPulse」服務，電腦沒事就自動寄問卷給我們，評量我們的參與度。在我看來，這不僅效果不佳，還會降低我們的生產力。主管不和我們談話，卻把溝通交給垃圾信軟體。更糟的是，那個垃圾信軟體都問我們一些莫名其妙的問題：「你覺得自己有受到公司的重視嗎？」答案當然是「沒有」。

卓越職場研究院的新研究指出，比起那些高層主管與第一線員工彼此不認識的公司，第一線員工感到自己與高層主管有連結的公司，**能賺到比別人多三倍的錢**。

希爾頓酒店及度假村（Hilton Hotels and Resorts）執行長克里斯・納塞塔（Chris Nassetta）要求所有高層主管花一週時間，親身體驗清潔員、洗碗工與服務生的工作。納塞塔則是與維修小組一起工作，那一週結束時，維修小組送了一把金馬桶疏通器給他。

希爾頓也賦予第一線員工自主權。弗勞海姆表示，有一次一名希爾頓清潔員在打掃客房時，發現那天是客人的結婚紀念日，她建議飯店送一瓶葡萄酒及附上字條給客人。「她給了客人非凡的住房體驗，也能享受這份快樂。」弗勞海姆說。

萬豪國際也是致力縮短差距的一間公司，當它在印度的連鎖飯店開張時，當地人要求公司為主管準備另外一間用餐室，經理們才不用和清潔員與維修人員一起在食堂用餐。萬豪國際的回應是，它希望所有人一同用餐。弗勞海姆表示：「這是打破障礙的方法，只是讓主管和第一線員工多多交流，就創造了產生更多好點子的機會。」

縮短差距的公司生產力較高，員工留在公司工作的意願更高，也更可能扮演「品牌大使」的角色，對外宣傳公司。

在高層主管與前線員工之間建立橋梁，不是什麼驚世駭俗的做法，是一種基本常識，而且你不必花太多力氣，就能得到很好的回報。

特蘭仰慕星巴克執行長霍華．舒茲與好市多執行長詹姆士．辛尼格（James Sinegal），他們都謹記提升員工生活品質的原則，同時建造了成功的大型全球企業。小公司的老闆可以輕易製造家的感覺，善待員工也比較容易，但是當新創公司發展成大型企業，要維持善待員工的價值觀相對困難，而這正是特蘭的目標。他想創建一間能影響數千名員工生活的全球企業，「大到我們的想法足以影響他人。」他說。舒茲與辛尼格是兩位少數能成功做到這一點的執行長。

如果特蘭照著優步與其他零工經濟公司的方法去做：壓榨勞工、極盡所能地快速成長、虧本經營，在IPO中套現，他的生活應該能過得輕鬆一些，成功的機率也比較高。他在二〇一三年首次籌集創投資金時，正值「優步獨角獸風潮的高峰期。」特蘭表示，而且「有好幾十個投資人告訴我們，我們經營事業的觀念錯了。」然而特蘭不在乎，他反而「把這個當作篩選投資人的標準，選出和我們理念一致、能和我們合作的投資人。」

特蘭先前決定將所有清潔員歸類為W-2雇員，似乎有先見之明。過去幾年，一些零工經濟勞工向公司提告，要求公司賦予他們正式員工的地位，這些訴訟不僅有損公司名譽，還花了不少錢，甚至有可能毀了一間公司。提供居家清潔服務的新創公司 Homejoy 就於二〇一五年倒閉，根據共同創辦人的說法，四起勞動糾紛訴訟的費用是公司停止營業的原因之一。

另一間居家清潔公司，也就是經常被拿來和 Q 公司比較的 Handy，也因契約承包人提起訴訟，而遭受重擊。Handy 目前仍在營業，不過法律糾紛已給人們留下負面印象，一篇部落格文章的標題甚至寫道：「違反勞動法的地獄公司 Handy 遭起訴」。

線上雜誌《Slate》受到 Handy 法律糾紛的啟發，刊登了一篇六千字爆料文章，檢視公司如何虧待員工，並挖出其他的問題，例如公司內部士氣低迷、客服有待加強，以及失控的職員酗酒問題。《Slate》報導寫道，Handy 那群人發明了「口交之輪」（Wheel of Fellatio）遊戲，「是以性服務取代金錢的『命運之輪』遊戲」。隔壁公司表示，Handy 有一面白板，「想盡辦法用五個字來侮辱女性、黑人與同性戀者」。

Luxe 與 Instacart 等零工經濟公司為避免法律糾紛與名譽受損，開始轉用 W-2 雇員模式。同時，一度瘋狂投資零工經濟新創公司的創投家，對這領域似乎也沒那麼熱情了。

就目前而言，Q 公司的成績不俗，銷售額於二〇一七年成長七一%，特蘭預期二〇一八年的銷售額將翻倍。僱用清潔員的 Q 服務部門已轉虧為盈，不過公司整體仍在虧錢。Q Marketplace 仍然只占公司業務的一小部分，而這部分收入應該會在二〇一八年成長兩倍以上。

我在前兩章介紹了兩間以人為中心、企業文化相當正向的公司。你可能會問，那投資人呢？沒有投資人，你無法建立公司。但是，大部分創投家把員工當死對頭看待，在這些人眼裡，公司在勞力上頭多花一塊錢，他們分得的紅利就會少一塊錢。

接下來兩章，我會介紹用自己的資金建造公司，並從一開始就把重點放在善待員工上的兩名投資人。

第十三章——卡普資本：有自知之明的資本主義者

卡普資本（Kapor Capital）的總部位於奧克蘭，光是這點，就顯示了這間創投公司與矽谷那些頂級創投家的差異。大部分創投發電廠的總部都設在距此四十五英里的門洛公園市，而且大多聚集在沙丘路一段約兩英里長的區域。幾棟低調的北加州建築聚集在寧靜、綠意盎然的小型辦公園區，一片死寂。想走訪這幾間創投公司，你必須開車上史丹佛大學旁的山丘，來到停滿特斯拉車的停車場，在這裡，鳥兒在尤加利樹的枝枒間鳴叫，穿著彈性人造纖維衣、瘦巴巴的科技業者騎著碳纖維競速型自行車到處疾駛，一臺自行車可能就比別人的汽車還貴。

相較之下，如果你去卡普資本，會從舊金山市開車行經舊金山─奧克蘭海灣大橋，下高速公路後，經過馬丁．路德．金恩路（Martin Luther King Jr. Way）高架橋下一大片遊民營地，經過當鋪、保釋公司、高利貸公司與遭塗鴉的建築物。奧克蘭與舊金山僅隔一片海灣，卻是兩座迥異的城市。奧克蘭是較粗獷的勞工城市，也是一座非裔美國人城市，過去有很長一段時期，奧克蘭人口的最大族群是黑人，近來人口比例稍有變化，但非裔美國人仍占奧克蘭人口的四分之一。

卡普資本的夫妻檔米奇・卡普（Mitch Kapor）與佛瑞達・卡普・克萊因（Freada Kapor Klein）將總部設在奧克蘭，就好像在告訴所有人：他們不屬於另一個世界。卡普資本不同於沙丘路上的大創投公司，卡普夫妻不想不擇手段地賺盡可能多的錢，相反地，他們有一個社會使命。有人把他們的投資方式稱為「影響力投資」（impact investing）或「主多元化投資」（diversity-focused investing），或是與「金錢驅動投資」（money-driven investing）相對的「使命驅動投資」（mission-driven investing）。卡普夫妻將他們的投資模式稱為「縮短差距投資」（gap-closing investing），佛瑞達表示，這個意思是他們只投資「提供低收入群體與／或有色人種群體服務，以縮短參與、機會或收入差距」的公司。

二〇一二年，卡普夫妻從舊金山搬到奧克蘭，在奧克蘭上城社區買了一棟閒置的建築。二〇一六年，從前的太平洋電話電報公司（Pacific Telephone and Telegraph）電信交換處理所，成了新開幕的非營利組織「卡普社會影響中心」（Kapor Center for Social Impact）總部，其目標旨是幫助弱勢有色人種接受STEM（科學、科技、工程與數學）教育，並從事科技業。卡普社會影響中心有一間能容納百人的禮堂，還有很適合辦派對的頂樓露臺，卡普夫妻歡迎其他組織在這裡舉辦會議與工作坊。卡普資本的辦公室就在社會影響中心內，同一棟建築還有卡普夫妻的公平競爭機構（Level Playing Field Institute），為弱勢族群學生所開設的暑期數學與科學課程的非營利組織。

卡普夫妻搬到奧克蘭，除了表明自己優先考慮的事項，更是明智的投資。奧克蘭市正在復甦，新商店如雨後春筍般出現，有小咖啡店、酒莊、農民市集，與以年輕專業人士為目標客群的新潮餐廳。過去被列為美國危險城市之一的奧克蘭，現在躋身《富比士》的美國最酷城市排行榜中，而卡普中心所在的上城社區，則名列《富比士》的美國最時髦社區排行榜。

「我們奧克蘭的故事和舊金山不一樣。」米奇說。那是二〇一七年夏季的某個星期四傍晚，我們在卡普資本辦公室吃外帶的壽司，卡普夫妻的黃金貴賓犬達德利（Dudley）慵懶地平攤在角落裡。「我們有社區活動、創業週末，以及每月第一個星期五奧克蘭企業家的聚會活動，大家會聚在一起討論怎麼創業。」

米奇已經六十八歲了，白髮蒼蒼，有時還蓄了白鬍子。他曾經是冥想導師，後來成為軟體企業家，幾乎是意外致富。佛瑞達六十六歲，有著一頭黑色捲髮、身材嬌小的女士，一雙深色眼眸目光炯炯。佛瑞達從小生長在密西西比州比洛克西市，小時候親眼目睹了當年七歲的哥哥被人痛毆，原因是對方看猶太人不爽。你可以感覺到，從那之後佛瑞達就不停地戰鬥。她在一九七〇年代就讀加州大學柏克萊分校，在當社運人士的同時，還擔任性侵受害者輔導員。畢業後，她創立了反職場性騷擾的組織，並為《反性侵女性主義聯盟》（*Feminist Alliance Against Rape*）時事通訊撰寫文章，還取得布蘭迪斯大學（Brandeis University）的社會政策與研究博士學位。

佛瑞達在二〇一八年一次訪談中表示：「在我幾十年的職業生涯中，最重要的就是多元化。」

「影響力投資」興起

從某種意義而言，奧克蘭的情況隱喻了卡普夫妻改變科技業的期望。過去的一、二十年，科技業逐漸失控，不擇手段、壓榨勞工的商業模式根深柢固，導致職場文化失調，女性勞工不是被拒之門外就是被騷擾，「兄弟僱用兄弟」，員工被虧待，以及許多公司不歡迎有色人種。

科技業缺乏多元化不僅不公平，還會對生意造成負面影響。麥肯錫顧問公司在二〇一五年進行的一項研究，發現性別與人種多元化排在前四分位數的公司，創造出高於平均水準利潤的機率高出三五％。麥肯錫顧問公司聲稱更多元化的公司比較能招募到頂尖人才，員工滿意度也較高。不過，多元化工作環境是否能讓人感到更**快樂**，仍有爭議空間。過去受排擠的人現在獲得更多工作機會，他們是比較開心沒錯，不過麻省理工學院一份二〇一四年的研究顯示，多元化工作環境比同質文化的工作環境更容易產生摩擦。主持該研究的經濟學家莎拉．艾利森（**Sara Ellison**）表示，同質文化的公司就像一支由捕手組成的棒球隊，他們不太可能打贏比賽，但這群捕手也許會相處得十分愉快。換言之，多元化不見得能讓所有人感到快樂，但快樂可能不是我們該追求的目標。

過去數十年，卡普夫妻一直試圖促進科技業多元化，舉例來說，他們舉辦了教導女孩與弱勢族裔兒童如何寫程式的教育計畫。儘管他們投入不少心血，科技業並沒有變得更多元，反而退步了。卡普夫妻在二〇一二年想到要用資金推動社會變革，其實這不是什麼新觀念，促進社會進步的共同基金早已存在多時。

卡普夫妻這次行動的特點是，他們是用創業投資鼓勵社會變革。他們提供種子資金給新創公司，從一開始即參與並塑造公司文化。透過進行早期投資，卡普夫妻可以為自己買下決策權。很多創投家會幫助新創公司組織管理團隊，掌握高層主管的聘僱決策權。

卡普夫妻相信「影響力投資」能達成非營利組織與慈善組織無法完成的任務。「世界靠商業運作，」米奇說，「我們必須改變工作環境，創造更多善待員工的好工作機會。這不是慈善事業能解決的問題。」

卡普夫妻的使命驅動運動，是矽谷邊緣群體逐漸投入的一場運動，參與者日益遽增。傳統創投公司過去二十年建立了「富者益富」的商業模式，現在有許多公司創辦人與投資人不再默默接受過去的觀念，新一代的新創公司創辦人也致力培養健康、多元化的企業文化，因此有一小群小創投公司認同他們的理念，願意以資金支持他們。

卡普資本不是只投資女性或有色人種創業者，他們所關心的是新創公司提供的產品或服務，如果這是「縮短差距」而非「擴增差距」的產品或服務，卡普夫妻非常願意花錢投資。假設一間公司提供價格高昂的服務，幫助有錢人家的小孩考好SAT測驗，那就是擴增差距的服務；如果一間公司幫助貧窮的移民小孩接受良好的教育，它所提供的就是縮短差距的服務。

傳統的創投家並不在乎這些，就算他們在乎公司提供的服務，也會偏好服務有錢人的新創公司，理由很明顯。這就是為什麼科技業產生這麼多的「媽媽新創公司」（mommy start-up）——由年輕人創辦的公司，但提供的服務是過去媽媽幫他們做的事情，例如洗衣服（Washio、Cleanly、Rinse、FlyCleaners、Prim、瑪百莉〔Mulberrys〕）和幫忙帶食物（DoorDash、Instacart、藍色圍裙〔Blue Apron〕、Maple、Sprig、Plated，二〇一一年至今還有至少六十間送餐服務公司獲得資金）。還有新創公司銷售五百美元可「收藏」運動鞋，以及一家使用機器人做披薩的公司。

——科技業的多元化問題

五十多歲的我進了新創公司，努力融入一間幾乎所有人年齡都不到我一半的公司，親身體會到科技業不夠多元化的問題。常有人邀請我談論年齡歧視與年老員工的困境，我當然很樂意幫助大家認識這個議題，但其實職場的種族與性別歧視嚴重得多，而且這三種偏見互有關聯。

我曾訪問一名年輕女性，她是電腦科學課程裡唯一一個黑人學生，其他學員多半是白人男性，沒有人理睬她。我採訪了另一個人，他是非裔美國人，他認為自己之前在電話面試時表現不錯，但在進公司面試時，卻看見年輕白人男性面試官眼裡透著驚愕。「感覺像是說：『喔，我不知道你是——呃，我是說，我沒想到你長這麼高。』」我有個朋友，叫他亞歷克斯（Alex）好了，他畢業自常春藤名校，在科技業工作了二十年，在他親自對創投家介紹自己的新創公司時，亞歷克斯從那些人的表情看出他們沒有要投資他的意思。因為他是黑人？還是因為他五十幾歲了？亞歷克斯也想不明白。

蘋果、Google 與臉書每年都會發表多元化報告，但每年的報告內容都差不多：不好意思，我們還是沒怎麼進步。他們公布的數據令人震驚，一些科技公司只有二％的員工是黑人，西語裔美國人只比黑人稍微多一些，而女性員工只占總人數的三分之一。今天在矽谷工作的女性，居然比一九八〇年代還少。管理階層更糟糕，管理團隊與董事會都是白人男性。矽谷是怎麼了，過去二十年竟然嚴重退步。

創業投資業的情況更是慘不忍睹，根據矽谷科技媒體「資訊」（The Information）的數據，投資團隊成員只有一％是黑人，西語裔美國人只比二％多一點點，決策制定階級只有一五％是女性。創投公司聲稱他們全憑一間公司的想法決定是否投資，完全不考慮人種或性別，不過這群白人男性投資人都把資金給了誰，應該不難猜吧？「只要是長得像馬克．祖克柏的人，都有可能騙倒我。」矽谷一流的 Y Combinator 產業育成公司創辦人保羅．葛蘭（Paul Graham）曾說。雖然葛蘭後來解釋自己是在開玩笑，但只要瀏覽一下 Y Combinator 投資的公司名單，就能看到許多年輕書呆子型的創業者，而這些人根本就是祖克柏的複製體。

至於創投業為何女性很少，紅杉資本的麥可．莫里茨曾說，這並不是性別偏見，只是「我們不願意降低標準」。那句話的愚鈍、驕傲與自以為是，還真是匪夷所思。莫里茨在說這句話時，紅杉資本連一名女性投資夥伴也沒有。

莫里茨不是個極端人物，他是創投業的傳奇人物，據說他身價四十億美元。現今幾間巨型科技公司，包括Google、雅虎（Yahoo）與PayPal的崛起，也有他的功勞。而二〇一六年遊民被趕出舊金山，就是他和其他創投家每人付五萬美元所完成的行動。儘管如此，莫里茨深受同儕景仰，在僱用女性與有色人種這方面，許多人與他看法一致，只是那些人比較有禮貌，不會在公共場合表露心聲。

矽谷為何惡化至此？我聽過許多理論，其中一個說法是，創投家與科技公司招募時太過懶惰，他們沒有大範圍撒網，而是直接僱用史丹佛大學和加州大學柏克萊分校的畢業生，那兩間學校的黑人與西語裔美國人本就特別少。還有所謂的「好人」理論：一個人告訴另一個人，某個人是「好人」，意思就是他是我們的人，你直接僱用他吧。另一個說法是，科技業者和紅衫資本的麥可．莫里茨抱持相同的想法，打從心底相信多元化對公司有害。經營創投公司與科技公司的男性口口聲聲說要多元化，心中卻認為僱用主要是白人的年輕男性，培養「兄弟」文化，才能得到最好的結果。

同時，矽谷的經營者也想出了一個藉口：我們當然想僱用女性和有色人種，只是一直找不到符合資格的人選。

為了確認這個說法，我聯繫了喬治亞州亞特蘭大市斯貝爾曼學院（Spelman College）的校長瑪莉．坎貝爾（Mary Campbell），這所從以前便是黑人女子大學的斯貝爾曼學院，應該能幫助我回答問題。坎貝爾告訴我，讓組織變得更多元化，不只有加強招募這麼簡單。斯皮爾曼學院STEM 領域的畢業生十分搶手，出社會後都能找到好工作，但就是應徵不上矽谷的職缺，她們多在波音（Boeing）與生技公司工作，而不是有「兄弟文化」的科技公司。

但更大的問題是如何留住黑人員工，坎貝爾如此表示。黑人畢業生去了矽谷，常覺得公司不重視自己，或感到格格不入，即使一開始應徵到工作，過一段時間她們還是會離開。如果矽谷要留住那些人才，就必須轉變成讓年輕黑人感到自己受歡迎的所在。「她們需要適合自己的群體，當地有沒有能去的教堂，有沒有認識另一半的機會，都很重要。」坎貝爾說。

矽谷科技公司自認為「新創」，為什麼卻表現得像全球最落後的組織？一九六三年阿拉巴馬大學（University of Alabama）曾發生種族隔離，二〇一八年的加州竟然也有種族隔離的情形。

這些現象不只是道德缺失的問題，也會導致財務損失。佛瑞達．卡普和大部分的大型科技公司交流過，做了大量研究，卡普得到的結論與「兄弟」執行長們的主流觀點截然相反，她認為公司內部多元化，投資人能分得較多紅利。卡普中心二〇一七年做的一份研究顯示，與文化問題相關的員工流動率，每年讓科技業損失大約一百六十億美元。佛瑞達承認，在多元化這條路上，我們還有很長一條路要走。「Google 兩年內花了兩億八千九百萬美元讓組織多元化，但你有看到什麼改變嗎？」她說。

米奇認為科技公司執行長對多元化沒興趣，是問題的一大部分，沒有從上層往下推動，就什麼事也不會發生。「馬克・祖克柏就是不把多元化當作優先事項。」米奇說，「他有很多別的事要做，這件事對他來說不重要。這就是我的結論：如果這件事對執行長來說很重要，公司就會大動作執行。」而且，這些公司現在都非常賺錢。「它們經營得很順利。所以，公司又沒壞掉，幹麼去修理它？」米奇表示。

近年來，卡普夫妻開始減少試圖修復大科技公司的努力，他們相信和新創公司合作效果較佳。「我們把重點放在年輕的公司上，」米奇告訴我，「我覺得新一代的公司應該能做得比較好，如果你從一開始就深深植入多元化和包容的觀念，就算公司成長了，這些理念還會是它的根本。」

打破沉默法則

某方面而言，卡普夫妻從一九七〇年代初期，米奇還在耶魯大學、佛瑞達還在加州大學柏克萊分校時，就已經是社運人士了。若不是米奇在一九八〇年代初期突然致富，他們可能只是另一對住在舊金山灣區的古怪嬉皮老夫妻。米奇賺大錢幾乎可說是意外。他在一九七一年畢業後，在各地工作了十年，教導過超覺靜坐（Transcendental Meditation），也當過ＤＪ。一九七八年時，他買了一臺蘋果II電腦自學程式設計，後來到波士頓附近超小的 VisiCorp 軟體開發公司工作。

米奇在一九八二年成立蓮花軟體公司（Lotus Development）——名字源自打坐的「蓮花」式——販賣能在新上市的ＩＢＭ個人電腦運作的 Lotus 1-2-3 電子試算表軟體。卡普預期蓮花軟體公司第一年的銷售額會是一百萬美元，沒想到銷售額高達五千三百萬美元，蓮花瞬間成了全球最大的軟體公司之一，銷售額將在十年內逼近十億美元。公司上市了，後來ＩＢＭ花三十五億美元收購它，冥想導師米奇變成了大富翁米奇。

蓮花軟體公司以對員工友善的文化聞名，目標是成為美國最進步的公司。米奇對投資蓮花的創投家表示：「有些事情和賺錢同樣重要，我對待別人的方式就是其中一件。」

蓮花慷慨地提供豐厚的退休金給員工，以及401(k)退休福利計畫，除了公休假期之外，公司還有現場的托兒服務。它是最早提供同性伴侶福利的大公司之一，即使大股東賣股份抗議，公司也沒有退讓。蓮花的主管都經過嚴格的多元化訓練。「那時候我們有很多女主管，大家都很有社會意識。」前科技長約翰．蘭德里（John Landry）回憶道。

凱莉．格里芬（Carrie Griffen）在蓮花軟體公司工作了十七年，從一九八三年做到二〇〇〇年，做過各種通訊與管理工作。「我們在蓮花過得很愉快，不只是因為公司在乎員工，還因為領導者培養了好的文化。」她表示，「我們感到快樂、受到啟發、覺得自己是高尚的文化一部分，所以很努力工作。我印象中的蓮花就是那樣。」

米奇與佛瑞達也是在蓮花公司認識的——佛瑞達在一九八四年拿到布蘭迪斯大學的博士學位後加入蓮花，擔任員工關係部門主管——不過兩人到了一九九〇年代才開始談戀愛。米奇在一九八六年離開蓮花軟體公司，除了不喜歡經營大公司這個理由之外，事實上他也不擅長當大老闆。佛瑞達在一九八七年離職，成立了顧問公司，提供有關職場歧視的培訓。儘管兩人離開了，他們塑造的企業文化依舊存在，蓮花公司持續進步。

離開蓮花後，米奇恢復過去什麼都做的生活，他開發了 Agenda 軟體，交由蓮花公司經銷。他搬到舊金山，與人共同創辦了守護公民自由的數位人權組織「電子前哨基金會」，性質類似美國公民自由聯盟（American Civil Liberties Union, ACLU），只不過是使用於網際空間上。

米奇開始投資新創公司，他的眼光銳利，往往能選到未來將大紅大紫的公司，他挹注 Dropcam 公司創業基金，後來被 Google 收購；他還投資了雲端通訊 Twilio 公司，它上市後目前市值將近四十億美元。之前米奇是以個別投資人的身分投資，後來他和佛瑞達於二〇〇九年成立了卡普資本，兩人最早投資的對象之一就是優步。二〇一〇年十月，優步獲得卡普資本與其他二十八個矽谷科技業者共一百五十萬美元的種子資金，當時這間共乘公司的估值約四百萬美元。到了二〇一七年，優步估值如水漲船高，一路漲到七百億美元，早期投資人大賺了一筆。根據估計，種子輪價值兩萬美元的股票，這時已價值四千萬美元。（卡普夫妻不願透露他們投資優步公司的金額，或所持股份現今的價值，他們還指出，他們是在投入社會影響力投資前投資優步公司。）

因優步而大獲豐收的同時，卡普夫妻也感受到沉重負擔。優步所建立起的有毒文化，與卡普夫妻的理念截然相反——優步公司沒有多元化可言，女性遭到糟糕的對待。雖然投資優步讓卡普夫妻的存款大增，卻也成了他們聲譽上的一個汙點。二〇一七年二月，前優步工程師蘇珊・佛勒（Susan Fowler）在 Medium 網站發表一篇文章，詳述驅使她離開優步的種種性騷擾，優步瞬間落入醜聞的迷霧。不久後，優步其他的女性員工紛紛站出來，說出她們遭公司虐待的故事。為了控制情勢，優步組織了針對此事的調查小組，並由美國前司法部長艾瑞克・侯德（Eric Holder）帶領調查。

儘管如此，卡普夫妻還是受夠了，他們發表了一封公開信，表示優步只是展開調查還不夠。卡普夫妻揭露道，過去數年他們一直在幕後要求優步改善它「充滿不敬、小團體、不多元、容許各式霸凌與騷擾的文化」，佛瑞達曾在優步演講，和其中幾位經理協商過。他們寫道，到了這一步，優步應該全面革新，「既然其他所有的機制都失敗了，那就該要求優步領導階層負責」。

簡單來說，卡普夫妻這是在要求優步董事會開除公司的創辦人暨執行長特拉維斯・卡蘭尼克。優步公司的投資人中，有些人視此為卡普夫妻的背叛；矽谷存在一條不成文的規定：投資人再怎麼樣也不該損害公司估值，當然也不能公開批評管理階層。卡普夫妻在公開信中寫道，人們不該再沉默下去，並表示：「我們身為投資人，當然想看到優步取得成功，但這不能只是金錢上的成功。」

其他創業投資人跳出來批評卡普夫妻，有些人開始搶卡普資本的生意，他們警告創業者不要收卡普夫妻的資金，並讓其他投資人買下卡普夫妻所有的股份。這些人失敗了，卡普資本資助的公司都沒有動搖。佛瑞達說：「一個知名投資人對和我們合作的一個創辦人說：『他們背叛了優步，到時候也會背叛你。』那位執行長的回應是，她永遠不會收那個投資人的錢，而且她找我們當她最初的投資人，就是因為我們價值觀一致。」

「我們出聲就等於破壞規則，」佛瑞達表示，「我們理論上應該小聲給他們建議，可是我們覺得很懊惱，明明花那麼多時間規勸他們，他們就是不聽。我們沒辦法影響他們，只能叫他們負責。優步的企業文化有毒。」

卡普夫妻發表公開信過後數月，優步董事會逼卡蘭尼克離開執行長職位，六個月後，當軟銀集團（SoftBank）買下大部分優步股份時，優步估值已下降兩百億美元。這不完全是卡普夫妻造成的，除了他們的公開信之外，優步公司還有很多大問題。但對卡普夫妻而言，這是決定性的一刻——他們告訴全世界，即使出聲會造成金錢損失，他們也不願保持緘默。米奇說，即使有公司被他們的態度嚇跑，那些大概也不會是他們想投資的公司。

「拯救快被自己搞死的資本主義」

卡普資本成立九年後，相對於其他創投公司規模依然很小，除了卡普夫妻之外只有六名投資合夥人，有三名女性、三名西語裔美國人，以及三名黑人。其中一人是本傑明・傑勒斯（Benjamin Jealous），他曾是美國全國有色人種協進會（National Association for the Advancement of Colored People, NAACP）的會長，他在二〇一三年加入卡普資本，現在正參選馬里蘭州長。「不同背景的企業家看到我們的團隊介紹，看到與自己相似的人，就會覺得：『這些人比較可能懂我。』」米奇說。他們投資的公司當中，有超過一半的創辦人是女性或有色人種。

大部分創投公司的資金都是來自退休基金與大學捐款，但卡普夫妻只用自己的錢財投資。（他們有很多錢可以投資——他們身價應該有五億美元。）從二〇一二年開始，卡普資本只投資他們認為能縮短差距、大規模影響社會的公司，大幅減少了他們評估的公司數量，也不再考慮自駕車、虛擬實境眼鏡與披薩的機器人等潛力股。

另外，公司若收了卡普資本的資金，就必須遵守卡普夫妻所謂的「創業者承諾」（Founders' Commitment），包括設定多元化與包容的具體目標，還有每季交一份多元化與包容進度報告。這些公司必須投資如何減少與避免歧視的相關課程，給員工做公益服務的機會，並參與卡普資本辦的多元化與包容工作坊。卡普資本於二〇一六年推出創業者承諾，而它在二〇一六年投資的公司，有四分之三也選擇參與這場運動。

創業者承諾分為四大原則：設定目標（goals）、投資（invest）、公益服務（volunteer）與教育（educate），縮寫為「GIVE」。簡單來說，就是公司設定多元化的目標，除了每季報告進度之外，還要參加卡普資本舉辦的培訓課程，投資相關的員工訓練，並給員工為弱勢群體服務的時間。

卡普夫妻的努力，造就了新一代文化較健康、較有包容力的公司，生產或提供能縮短差距的產品或服務。上一章的 Managed by Q 就是卡普資本投資的對象之一，提供居家照護的 Honor 公司同樣將員工列為 W-2 雇員，它也是卡普資本投資的公司之一——這些公司為勞工階級提供好工作，因此有「縮短差距」的能力。

有些公司之所以能縮短差距，是因為它們為低收入戶提供服務。LendUp 為信用評分不佳的人提供小額、短期的借款服務，若少了它的服務，不少窮人恐怕得依賴「發薪日貸款」（合法高利貸）支應生活了。Pigeonly 公司創辦人是名更生人，他幫助獄中人與家人朋友保持聯繫，除了寄送照片之外，還會協助他們撥打平價電話。Thrive Market 是會員限定的線上超市，商品售價比傳統市場便宜二五％，凡是退伍軍人、公立學校教師或低收入家庭，都能免費辦會員。HealthSherpa 專門幫人找平價的健保方案。安娜・洛卡・卡斯楚（Ana Roca Castro）成立的Genius Plaza專為低收入學區的孩子提供雙語課程，現在受惠於這間公司的孩子多達兩百萬人，遍布美國與拉丁美洲，且公司正迅速成長，其收益在二〇一七年成長了兩倍。

卡普夫妻斷定，這些縮短差距的投資能帶給創投家良好的回饋。他們打算在二〇二二年——基金創立十年後——發表這些年的投資報告。佛瑞達表示，雖然新創公司不會馬上賺錢，「我們投資了能在不同領域縮短差距的公司，有好幾間表現得非常好」。

除了進行投資，卡普夫妻還是慈善家。卡普中心於二〇一七年成立了年度「影響獎」（Impact Award），鼓勵那些努力讓科技業變得更多元化的人物與公司。佛瑞達創辦了非營利組織SMASH並擔任董事長，為弱勢族裔學生提供暑期數學與科學課程。她在二〇一五年共同創辦了名為「包容計畫」（Project Include）的「多元化戰情室」（diversity war room），提供比卡普資本的創業者承諾更全面、更細的原則，供創業者參考。

主多元化投資公司與產業育成公司持續在矽谷誕生，NewME、Base Ventures、Cross Culture Ventures、Backstage Capital 與 Precursor Ventures 的老闆都是有色人種，他們的投資對象也以女性或有色人種經營的公司為主。XFactor Ventures 是女性經營的投資公司，專門投資至少有一位女性創辦人的公司。Social Capital 創投公司管理的資金超過十億美元，現在它要為多元文化出聲，曾任臉書經理的創辦人查瑪斯．帕里哈皮提亞（Chamath Palihapitiya）表示：「我要我們公司呈現出世界的原貌，意思就是僱用和投資弱勢族裔和女性。」

當然，即使集結了所有「好」創投公司與倡議團體的資源，比起美國創投公司每年投資的七百億美元，依然是小巫見大巫。儘管如此，好人公司似乎都表現優異，形成了一股運動。

一些大公司的企業文化也逐漸進步。Google 和霍華德大學（Howard University）合作推出新計畫，讓過去僅供黑人就讀的大學送學生到 Google 園區見習十二週學習寫程式。Google 巨大的規模是把雙面刃，一方面，它能用大量資源致力解決問題；但另一方面，Google 有將近九萬名員工，實在很難顯著提升公司內部的多元化。

籌碼日復一日、年復一年地堆高，數十年前，科技業對經濟的影響不大，現今科技正在改變每一間公司。「每家公司都是科技公司。」米奇說。全球估值最高的五間公司都是科技公司，這就是為什麼卡普夫妻和參與這場運動的其他人如此急於行動，他們趕著在科技業的種種障礙擴散前修復問題。就如米奇半開玩笑的口頭禪：「我們正試著解救快被自己搞死的資本主義。」

在前面三章，我介紹了試著打造對員工友善、文化更具包容力、為更多族群提供機會的公司創辦人與投資人，但這些人該如何把想法推廣至整個職場呢？為此，你必須興起一場運動，培養新一代沒被米爾頓．傅利曼那套「貪婪有理」教條洗腦的年輕人，鼓勵他們反抗傅利曼的說法，要求雇主讓勞工共享他們用勞力換得的財富，並讓勞工與投資人平起平坐。你必須提出新的理念，新的資本主義。在下一章，我會介紹一群致力於這場運動，為「社會企業運動」（social enterprise movement）努力的人。

第十四章——社會企業運動

二〇〇一年九月十一日上午，丹尼斯・紹奈西（Dennis Shaughnessy）搭飛機從波士頓飛往巴爾的摩，準備在美國食品藥物管理局（Food and Drug Administration）舉辦的會議上演講。班機抵達巴爾的摩／華盛頓國際機場（Baltimore-Washington International Airport）過後不久，另外兩班自波士頓洛根將軍國際機場（Logan Airport）出發的飛機撞上了紐約世貿雙子星大樓，第三架飛機撞上五角大廈，還有第四架墜毀在賓州一片農地。

紹奈西站在旅館頂樓，遙遙望見五角大廈在冒煙，他忽然有所頓悟：「我問自己，如果我是那幾架飛機上的乘客，回首過往，能夠說我在職業生涯中做了最好的事情了嗎？如果今天是我人生的最後一天，我會為自己過去的行為感到滿意嗎？」

當時他四十三歲，受過公司律師培訓，現任波士頓查爾斯河實驗室（Charles River

Laboratories）資深副總裁。公司近期首次公開發行，紹奈西突然發了財，「錢多得超乎我的想像。這和比爾．蓋茲的錢比起來當然不算什麼，可是對我來說已經很多了。」他說。

可以想見，這樣一個人在九一一事件隔天開車沿美國東岸北上，經過紐約市時，心中萌生一個念頭：我這輩子真的要一直在波士頓和巴爾的摩之間往返，為一間養實驗用老鼠和猴子的公司做業務報告嗎？

「我開始想像新的人生階段，我想花更多力氣做好事。」他說，「我決定不要當傳統的企業經理，決定想辦法在猖獗的資本主義和沒效率的非營利組織之間找到平衡點。」

紹奈西在二〇〇三年說服東北大學讓他在商學院舉辦一項計畫，他將設計一套課程，帶學生去南非與印度校外教學，讓學生學習社會企業主義。他所說的「社會企業主義」，是公司能在賺錢的同時幫助社會這個理念，該想法從一九七〇年代便已存在，但數十年來，只有理論家與學者相信社會企業主義。過去十年，透過紹奈西與其他數千人的努力，社會企業運動開始成為主流，而且社會企業「可以」與「應該」是什麼的概念也擴大了許多。現在，社會企業除了為開發中國家提供疫苗之外，還努力創造薪資優渥、有良好福利且穩定的工作機會。隨著學習這些概念的學生人數增加，希望善待員工的商業模式將寫入美國各家公司的DNA。

紹奈西在二〇〇七年獨資成立了資金極少的社會企業學院（Social Enterprise Institute），

他發現人們對該學院提供的服務需求量極高，在它最忙的那幾年，有超過六十萬名學員報名至少一門課。多虧了熱絡報名的學員，社會企業學院一度成為美國規模最大的大學部社會企業學程。

東北大學每年夏天送四十名學生去南非開普敦與印度數座城市，學生在四週期間內與當地企業家一同工作、學習，有時校外教學地點還包括肯亞、迦納、海地、多明尼加、委內瑞拉與古巴。

到了南非，東北大學學生會到開普頓一間免學費大學，第三期商管學院（Tertiary School in Business Administration, TSiBA）修課，並和指定的當地企業家合作，想辦法改善或擴展他們的事業。兩週過後，每組會將自己的想法呈現給一群評審，由評審決定要將資金給哪些企業家。

評審聽了二十五組提案後，將選出五名企業家，由社會企業學院提供種子基金實行計畫，資金通常少於五千美元。多年來，社會企業學院的學員和南非超過兩百名企業家合作過，其中五十人獲得一些資助。大約在十年前，社會企業學院學員與在開普頓附近一座城鎮開網咖的路烏尤・拉尼（Luvuyo Rani）合作，時至今日，拉尼的 Silulo Ulutho 科技公司已有一百七十名員工，旗下的網咖與訓練中心多達三十九間。

社會企業學院也會影響那些回美國自己創業的學員。阿里・寇沙利（Ali Kothari）二〇一五年去南非參加暑期計畫，現在他在波士頓經營 Eat Your Coffee 新創公司，生產含咖啡因的能量棒，公司僱了六名員工。寇沙利是從「Grounds for Change」買咖啡，這間咖啡烘焙商會把部分營收捐給非營利組織，所以寇沙利的公司間接幫助了尼加拉瓜的學童上學一年，還幫忙借貸少量資金給瓜地馬拉的女性創業者。寇沙利表示，他在社會企業學院的經歷「讓我看到經營企業的方式不只一種，把股東價值最大化的途徑，也不是只有利潤一種。」

奧斯登．莫伊（Austen Moye）在二〇一五年秋季入學東北大學，主修化學，預計在將來申請醫學院，然而他第一學期選修紹奈西的全球社會企業（Global Social Enterprise）入門課程後，人生計畫徹底改變了。莫伊在春季選修了紹奈西的另一門課，到了大學二年級，莫伊改主修商學。他表示，他換主修是因為紹奈西改變了他對商學的認知，與其他商學教授的說法截然相反。

「我修了一門財經課，教授在第一堂課就告訴我們，商業的目的是盡量賺錢。」莫伊說，「後來我去上紹奈西的課，他說商業可以用來造福社會，改善人們的生活。」

紹奈西表示，他只是想引起學生對社會企業主義的興趣。「他們剛走進教室時，對社會企業完全沒概念，上完課之後，他們說：『我的天啊，這個太棒了。有沒有什麼相關的推薦讀物？學了這個以後，我可以怎麼發展？』」

他相信社會企業主義大幅成長，變得勢不可當，現在它已經不只是社會運動了。「這是資本主義的未來。」紹奈西說。股東資本主義盛行了半個世紀，氣數已盡。「再過不久，這個循環就會自己消失。我不確定要等多久，可能要等十年、二十年，但是它總有一天會消失。」

——「一種新的組織」

世界各地幾百間大學都開始創辦社會企業學程，數千名年輕人抱持著資本主義不是只能幫助富人賺錢，而是可以做些事情的理念進入社會，與米爾頓．傅利曼一九七〇年在《紐約時報雜誌》發表的文章所提出的股東資本主義相對立，意圖扭轉半個世紀以來企業資本主義造就的惡毒與失衡。奇怪的是，社會企業運動的起源也是商學院——過去正是這些地方大力傳播米爾頓．傅利曼的教義，並為美國與世界各地的投資銀行與管理顧問公司培養出一個個和《華爾街》（*Wall Street*）電影裡貪得無厭的戈登．蓋柯（Gordon Gekko）如出一轍的學生。

一九七〇年代的商學院開始教授傅利曼的理念，「社會企業」與「社會企業主義」等詞語也在這個年代誕生，我覺得這不是巧合。過去十年，股東資本主義造成的問題急遽惡化，社會企業主義開始受人重視，應該也不是湊巧。現在，一度只屬天真行善者與學界、商界邊緣的社會企業理念，開始成為主流思潮。

當然，極端資本主義與純粹的非營利組織之間一直都存在中間地帶，例如勞工合作社早在幾個世紀前就已存在，而慈善家與非營利組織也早在富人存在的年代就已誕生。不過，現代的社會企業主義稍有不同，它旨在創造一種新的混合組織。這種組織介於營利與非營利組織之間，位處兩者中間的灰色地帶。

有人認為非營利組織應仿效營利企業，也許用少部分資源從事營利事業，用利潤支援它們的慈善事業。還有人認為營利組織該投入非營利組織與慈善機構做的那種社會使命，例如救濟窮人，舊金山的 Samasource 就是這樣的公司，它幫 Google 等公司將工作外包到貧窮國家，員工只需一臺筆記型電腦與一點訓練，便能管理網站內容，檢查網站是否有不當的照片。Samasource 創立於二〇〇八年，並聲稱已有六萬人在它的幫助下脫離貧窮。

葛雷格利．迪斯（Gregory Dees），社會企業運動先驅之一，迪斯教授曾在耶魯大學管理學院、哈佛商學院、史丹佛商學研究所與杜克大學福夸商學院（Duke University Fuqua School of Business）等大學授課。一九九八年，當時在哈佛教書的他，在《哈佛商業評論》發表了一篇標題為〈非營利組織企業化〉（Enterprising Nonprofits）的文章，提到非營利組織可以表現得更像營利組織，例如用營利副業支持整個組織。二〇〇一年，迪斯在史丹佛大學教書時，發表了標題為〈社會創業的意義〉（The Meaning of Social Entrepreneurship）的文章，該文之後成為社會企業領域最廣為人知的文獻之一，至今仍是此領域的聖典。

到了杜克大學，迪斯協力創辦了社會創業促進中心（Center for the Advancement of Social Entrepreneurship），該中心現任主任凱西・克拉克（Cathy Clark）是社會企業領域最有影響力的學者之一。其他舉足輕重的人物包括在普林斯頓、哈佛與史丹佛創立社會創業實驗室的戈登・布魯姆（Gordon Bloom），還有牛津大學史科爾社會創業中心（Skoll Centre for Social Entrepreneurship）的亞歷克斯・尼科爾斯（Alex Nicholls）與彼得・德洛巴克教授（Dr. Peter Drobac）。

阿育王（Ashoka），支持社會企業家與所謂「創革者」（change makers）的非營利組織經理潔西卡・拉克斯（Jessica Lax）表示，社會企業運動近年開始蓬勃發展，在一九九四年只有十八間大學有社會企業學程，到了二〇一二年，已有超過一千兩百間大學提供相關課程。阿育王是比爾・德雷頓（Bill Drayton）於一九八〇年創辦的非營利組織，德雷頓曾在麥肯錫顧問公司工作，也曾在政府機關工作，他和迪斯同樣被譽為「社會創業教父」。阿育王機構現在已擴展至九十八個國家，有超過四百名員工。

大學之所以開設社會企業課程，不是應企業的需求，而是因為「學生熱切的要求，」拉克斯表示，「學生對現在企業在社會上的責任、對傳統非營利組織的運作模式不滿意，想尋找新的途徑。」

善心富人

學者們發展了社會企業運動的基礎知識，但還有一群人對此運動具舉足輕重的地位，他們是所謂的「善心富人」（well-intentioned rich people, WIRP）。最知名的善心富人非比爾．蓋茲莫屬，但其實這種人處處皆有，很多人的名字你可能從來沒聽過。

牛津大學社會企業中心，僱用亞歷克斯．尼科爾斯等一流學者的研究中心的創辦人，是因eBay致富的傑夫．史科爾（Jeff Skoll）。史科爾在二〇〇四年成立史科爾基金會（Skoll Foundation），每年舉辦世界社會企業論壇，並每年頒發史科爾社會創業獎（Skoll Awards for

Social Entrepreneurship）。靠微軟致富的約翰·伍德（John Wood）也是善心富人，他是全球最大、最知名社會企業之一——閱讀空間（Room to Read）——的創辦人，在開發中國家建了一千所學校與一萬間圖書館。

傑伊·科恩·吉爾伯特（Jay Coen Gilbert）感覺不像是會帶頭革命的人，他一九八九年畢業於史丹佛大學，在麥肯錫顧問公司工作兩年，然後在一九九三年創立了AND1球鞋公司，之後於二〇〇五年售出AND1，賺了兩億五千萬美元。大多數的年輕人突然致富，不是離開這個領域去做一個瘋狂的有錢人，就是再成立一間公司，把數億資產變成數十億。

然而，吉爾伯特並沒有這麼做，他成立了非營利組織，以破除過去半世紀那種給了他財富的資本主義為目標，希望能用新的理念取而代之。我們不要股東資本主義，而是要利益相關者資本主義，公司不能只照顧投資人，還要照顧環境、社會，還有最重要的族群——員工。

吉爾伯特與另外兩人共同創辦了B型實驗室（B Lab）非營利組織，這後來發展成類似好企業認證計畫的組織。《好主婦》雜誌（*Good Housekeeping*）會蓋章認證特定的商品，優力國際安全認證（Underwriters Laboratories）也會為符合安全標準的商品蓋上「UL」印章，B型實驗室則是認證合格的「B型企業」（B Corporation）。在得到認證前，B型實驗室會先深入調查一間公司在員工身心健康上的花費，以及報酬、福利、訓練、安全健康與彈性，想成為B型企業的公司必須證明自己有善待員工。

真的會有企業執行長為這些無意義的事煩惱嗎？其實在B型實驗室創立過後十二年，得到B型企業認證的公司將近兩千五百家，和二〇〇九年的兩百零五家相比，已是非常大的進步。而且，這兩千五百間公司不是什麼過氣的食物合作社，或是用大麻做衣服的公司，而是巴塔哥尼亞、瓦爾比派克、班傑利公司（Ben & Jerry's）與Athleta這樣的知名品牌。

得到好企業認證，有什麼好處？首先，這對招募員工有很大的幫助，而且很多顧客都在意企業給員工的待遇，偏好和善待員工的公司做生意。還有一個比較不好聽的理由：有些公司應該想靠認證製造話題，利用光環效應（halo effect）得利。

吉爾伯特表示，B型企業運動的聲勢正逐漸壯大，因為我們來到了歷史的轉捩點。資本主義沒有瓦解，而是在進化，世界漸漸發現股東資本主義會導向死路，人們開始放棄這條路。照顧社會與員工不是慈善工作，而是明智的自利行為；就如上個世紀的亨利．福特給工廠員工每小時五美元薪資，讓他們買自家生產的汽車，B型企業也相信善待員工對自己有利——如果我們的資本主義會使大部分的人貧困潦倒，那其實對誰都沒有好處。B型實驗室與社會企業運動其他支持者，正在重新定義成功的公司。

新型資本主義在勞工與社會聽來非常好，對投資人而言就沒那麼中聽了。儘管如此，還是有許多投資人參與運動，他們也許是與卡普夫妻抱持相同的信念，認為金錢能帶動良好的表現。十年前，洛克菲勒基金會（Rockefeller Foundation）創造了**影響力投資**一詞，形容能換得金錢與社會或環境影響的商業模式，被視為天馬行空的想法，到了今天，創效投資人的人數相當多，多到還有專門追蹤他們的全球影響力投資網絡（Global Impact Investing Network, GIIN），而且該組織據說有兩萬名成員。

影響力投資的精神始祖是孟加拉鄉村銀行（Grameen Bank），該微型貸款銀行創立於一九八三年，創立者穆罕默德・尤努斯（Muhammad Yunus）後來於二〇〇六年榮獲諾貝爾和平獎。許多創效投資人都是小型或中型投資公司，例如Acumen、Good Capital、Root Capital與前文所介紹的卡普資本，不過現在就連高盛與摩根大通（J.P. Morgan）等華爾街大銀行，都有影響力投資團體了。

社會企業運動愈來愈完整，有了學界的基礎架構、一批有理想的年輕人，還有尋找新家的大筆資金，而且這一切聚集成形的同時，股東資本主義造成的問題正好擴大到不容忽視的地步。

難怪社會企業能激發新一代年輕人的想像力。「這是場不斷成長的運動，」阿育王的潔西卡・拉克斯表示，「有愈來愈多人想讓世界變得更好。」

二、三十年前，想改變世界的人也許會加入和平工作團（Peace Corps）、非營利組織或非政府組織，現在這些人也可能會創業。你不一定要幫助世界另一頭的人，你也可以幫助自己的鄰居。

阿帕拉契地區是社會企業活動的焦點之一，許多人失去了煤礦業的工作後，開始有組織在此區建立公司，創造新的就業機會。山域社區經濟開發協會（Mountain Association for Community Economic Development）努力資助西維吉尼亞州的麵包店、咖啡廳與訓練中心等新創公司，特別是能幫助正在戒毒或剛出獄的女性再就業的公司。

Greyston是位於紐約州揚克斯市的麵包店與基金會，該公司採「開放聘僱」（open hiring）方針，無論是什麼身分背景的人都能去工作，許多坐過牢或無家可歸的人因此獲得工作機會。Greyston每天為全食超市、班傑利公司等客戶生產三萬五千磅的布朗尼，公司理念是：「我們不是為了烤布朗尼僱人，而是為了僱人烤布朗尼。」

其實受惠於社會企業的不見得是窮人，即使公司生產昂貴的羽絨外套與富人愛穿的羊毛外套，也可能是社會企業。二〇一五年，《富比士》估計巴塔哥尼亞的年收入有七億五千萬美元，到了現在，它賣高檔運動用品（有人戲稱這個品牌為「巴塔古馳」），也許一年能賣將近十億美元。儘管如此，巴塔哥尼亞也是經過認證的B型企業，這主要是因為公司給員工的待遇。

巴塔哥尼亞總部在加州范朵拉市，距離海灘只有幾條街，這間公司的彈性工時相當有名，員工能下午出去衝浪或爬山，或去接小孩。此外，公司還提供現場托兒服務，無論你是請產假或陪產假，都還是能領優渥的薪水，公司不僅幫你保健保，還會支付全額保費。每隔一週的星期五，辦公室不會開門，員工能花更多時間在家陪伴家人。

巴塔哥尼亞的創立者是七十九歲的億萬富翁伊方．修納，熱愛登山的修納常說他沒想過自己會成為企業家。有時候我會懷疑巴塔哥尼亞的存在，不純粹是為了賺錢，而是為了讓修納給兩千名幸運的員工提供令人羨慕的舒適生活、分享他對大自然的愛。答案也許是「兩者皆是」。

修納在回憶錄《越環保，越賺錢，員工越幸福！：Patagonia 任性創業法則》（*Let My People Go Surfing*）前幾頁寫道，巴塔哥尼亞公司是他的實驗，他其實也是個瘋狂科學家，用人類受試者測試他的組織行為學理論。自一九七三年創立巴塔哥尼亞至今，修納一直努力發明新型公司，新型資本主義。過去那種以股東為中心的資本主義，已走上死路。修納寫道：「我們相信大眾接受的資本主義——非要人無限成長不可的資本主義——必須被取代。」

問題是，該用什麼取代它呢？修納想像中的新資本主義，是一種更正直、更明智的資本主義，無論是顧客、社會或員工，所有利益關係人都能分得好處。這種體系不僅更公平、更友善，還更符合永續經營的精神，最後不會如西雅圖億萬富翁與亞馬遜投資人尼克．漢豪爾所說的那般，以民眾群起激憤、引發暴動與革命收場。

修納的大目標之一，就是影響其他的公司，而最好的方法，就是創立巴塔哥尼亞，證明他的商業模式確實有用。時至今日，巴塔哥尼亞已營業四十五年，果然有人開始注意到它，其中不乏矽谷人。

結語——斑馬能修復獨角獸造成的破壞嗎？

這裡有個值得注意的思想實驗：矽谷上次產出規模超大、超級賺錢的公司，能迅速成長，賺錢快到簡直像印鈔機的公司，你還記得是什麼時候嗎？據我所知，上次出現這樣的公司已經是十四年前——二〇〇四年——的事了，當時誕生的是臉書。之後，矽谷的「兄弟」與創業投資人們一而再、再而三地嘗試，卻每次都失敗。

二〇〇六年成立的推特公司近兩季勉強賺了一點錢，但這也是連續賠了好幾年，總共賠數十億美元之後的成果。二〇〇七年成立的 Zynga 與二〇〇八年成立的酷朋（Groupon），二〇一七年都擠出了一丁點年度利潤，不過它們在這之前好幾年也是一直賠錢，賠得很慘。食物外送公司 Grubhub 稍微賺了點錢，不過它其實是兩間公司的結合體，那兩間公司分別創立於一九九九年與二〇〇四年，所以 Grubhub 其實比臉書還要老。

過去，科技業似乎隨時都能創造賺錢的大公司，然而過去十到十五年科技業似乎出了什麼錯，矽谷在那幾年突然異常執著於獨角獸，就是能飛速成長、估值超過十億美元的私人公司。「獨角獸」一詞被用來形容新創公司，最早發生在二〇一三年，但早在二〇〇〇年代初期，網路經濟第二次崛起，人們就開始尋找獨角獸了。這次隨著網路經濟蓬勃發展，創投家掌握了創造獨角獸的能力，今天，世上存在數百間獨角獸公司，一些已經上市，一些則仍由私人控股。有很多獨角獸提供極好的服務，然而這些公司表面上再怎麼夢幻、再怎麼美好，就是沒辦法轉虧為盈。

特斯拉、Spotfiy、Dropbox、Box、Snap、Square、Workday、Cloudera、Okta、藍色圍裙、Roku、MongoDB、雷德芬（Redfin）、Yext、Forescout、Docusign、Smartsheet 都是上市公司，即使上市多年它們仍在虧錢，有幾間更是債臺高築。其他像優步、來福車、Airbnb、Slack、Pinterest、WeWork、Vice 傳媒有限公司、Magic Leap、Bloom Energy 與 Postmates 目前都還是私有公司，但據說也在虧錢。在我寫這本書的同時，一間叫 Domo 的新創科技公司正試圖公開募股，但這間公司過去兩年虧了三億六千萬美元，銷售額僅有一億八千三百萬美元——換言之，Domo 每拿到一塊錢，就丟了兩塊錢。

世界瘋了，我們不可能一直這樣下去。但是，說不定我們能找到其他可行的辦法。

這就是四名女性科技企業家——珍妮弗・布蘭德（Jennifer Brandel）、亞絲翠・索爾茲（Astrid Scholz）、安妮雅・威廉斯（Aniyia Williams）與瑪拉・澤皮達（Mara Zepeda）——在二〇一七年開始探討的問題。既然科技界這麼愛用比喻，她們決定自創新的比喻，她們要建造的不是獨角獸公司，而是「斑馬」。這四名女性在Medium網站一篇標題為〈斑馬能修復獨角獸造成的破壞〉（Zebras Fix What Unicorns Break）的文章中，解釋道：斑馬是群居動物，牠們會群體行動、互相扶持，牠們也許跑得沒有獨角獸快，但牠們耐力很好，能長時間奔馳。斑馬是黑白相間的動物，而斑馬公司會同時做到兩件事，除了賺錢，它們還會改善社會。四人創立了「斑馬聯盟」（Zebras Unite），邀志同道合的夥伴加入組織。

好吧，「斑馬」這個比喻有點牽強，反正意思我們都懂。澤皮達對我解釋道，她和其他三個作者想打造的公司，要能夠長期興盛下去，而不是一時大紅大紫、迅速成長，結果不停虧錢，沒過多久就消失無蹤。她們想打造互相合作而不是互相競爭的公司，而且公司該「**給**使用者價值，而不是從使用者身上**取得**價值。」她寫道。

這種想法聽起來很合理、很健康，問題是創投家不想投資這樣的公司，他們還是想投資快速成長的獨角獸公司。獨角獸商業模式無法創造能永續經營的健康公司，卻能在最短時間內給投資人最多的回饋，對矽谷創投家而言，比起創造好公司，創造壞公司對他們更有利。假如你是女創業者，想說服別人投資一間緩慢成長、能賺錢、能永續經營的公司，沙丘路上的創投公司沒有一家會想跟你開會。

既然如此，斑馬聯盟的共同創辦人說：我們選擇別條路，用別種方法幫我們想建造的公司募資。「我們需要新的企業架構。」澤皮達在訪談中告訴我。她個人喜歡「管理者控股」模式（steward-owned），由管理者控股的公司裡，股東會以經理或員工的身分積極參與組織事務，這其實是很久以前就存在的商業模式，最早採用此法的是勞勃．博世公司（Bosch）與蔡司公司（Zeiss）。現在，德國的「目的網路」（Purpose Network）組織與相關的「目的投資」（Purpose Ventures）投資團體，開始探索將管理者控股模式套用於新創公司的方法，根據該團體的網站，他們想創造能「將目的而不是利潤最大化」的公司。

在斑馬公司這方面，目前有超過四千人想加入斑馬聯盟，積極行動的斑馬聯盟成員已有一千人。二〇一七年十一月，斑馬聯盟在奧勒岡州波特蘭市舉辦斑馬會議（DazzleCon；一群斑馬稱為「dazzle」），有兩百人出席。澤皮達告訴我，斑馬運動正逐漸壯大，現在已經有超過二十個國際分部。

當然，相較於獨角獸隊，斑馬隊仍然勢單力薄，全國風險資本協會的數據顯示，創投業在二〇一七年投資了將近一兆五千億美元給全球各地的新創公司，估計二〇一八年會投資更多錢。大牌創投家多半會認為斑馬隊那些人天真得無可救藥——前提是大投資人有把這些人放在眼裡，考慮他們的想法。話雖如此，光是斑馬隊存在這點，似乎就證明矽谷將從長期的昏聵中覺醒。

與此同時，還有其他人開始推動改革，其中包括一些極具影響力的大人物。億萬富翁與避險基金經理保羅·圖多爾·瓊斯（Paul Tudor Jones），和斑馬會議那些愛穿勃肯鞋（Birkenstock）的人幾乎沒有共同點，但他也認為企業界深陷危機，須要全面改革。問題不只是公司的架構，其實整個經濟體系都和問題脫不了關係。「我們可能得更新資本主義。」瓊斯二〇一八年六月對消費者新聞與商業頻道（Consumer News and Business Channel, CNBC）表示。過去半個世紀，美國企業界一直受米爾頓·傅利曼的股東資本主義控制，然而瓊斯表示，那個以投資人紅利為優先的商業模式已經走不下去了。瓊斯經營的公正基金（Just Capital）專做影響力投資，評估公司時不只考慮利潤，還會將公司對待員工的方式考慮進去。

重點來了，如果連身價數十、數百億美元的避險基金經理都開始敲響警鐘，要你注意收入不平等的問題，還說必須找到新型資本主義，那我覺得我們真的該注意一下這些問題。

首先，我們該要求成功的公司做好事。在矽谷，Google 總部所在的山景城與蘋果總部所在的庫帕提諾市，都有官員提出要以員工人數多寡來決定大公司稅負，將這筆錢用來解決交通阻塞與房價高漲的問題。這些加州人的靈感來自西雅圖，西雅圖先前通過新法，為了處理城內遊民人數漸增的問題，大公司必須為每個員工繳納兩百七十五美元的稅金。不幸的是，後來亞馬遜等公司怨聲連連，西雅圖終究還是取消了這條規定。（亞馬遜是西雅圖最大的公司，要是照新法納稅，它每年得繳一千兩百萬美元——但考慮到它的年收益有好幾十億美元，而且它的創辦人暨執行長傑佛瑞·貝佐斯身價有足足一千四百億美元，這點小錢根本不算什麼。）

政府官員沒辦法強迫公司幫助社會，那也許員工有辦法。矽谷勞工出聲說要組工會，部分原因是要促使公司謹記道德良知。「我們要他們忌憚員工手裡的政治力量。」社運團體「科技圈團結聯盟」（Tech Solidarity）領導人馬切伊·瑟洛斯基（Maciej Ceglowski）於二〇一七年對 Quartz 新聞網表示。二〇一八年，四千名 Google 員工因公司參與軍方的無人機計畫而抗議，有十多人辭職，後來 Google 同意不更新計畫的合約。微軟與亞馬遜員工也曾組織抗議行動，要求雇主停止將科技產品提供給美國移民及海關執法局（U.S. Immigration and Customs Enforcement）。

員工幸福似乎有提升的跡象，在法國，法國電信那批執行長與高階主管之前用去人性化手段將員工逼到自殺，現在他們必須在法庭為自己的行為負責，如果其他方法都不能讓公司尊重員工，停止虐待與壓榨他們，那麼或許法律能迫使公司回歸正途。在加州，伊莉莎白·霍姆斯

（Elizabeth Holmes）創立的獨角獸保健公司 Theranos 宣稱要生產全新的血液檢驗科技，後來卻食言，霍姆斯因此以詐欺罪名遭起訴，也許這起訴訟能讓獨角獸文化節制一些，減少浮誇的廣告與宣言，也讓人們在扭曲規則與走捷徑前三思而後行。

讓企業變得更好的推力，觸及遠大於矽谷的範圍。紐約市發光體實驗室（Luminary Labs）顧問公司的創立者莎拉．霍羅貝克（Sara Holoubek），正在推廣她所謂的「人性企業設計」（Human Company Design）概念。而卓越職場研究院在奧克蘭的顧問團與全球其他據點的同僚，都在提倡投資員工、提供穩定的長期工作的理念。

二〇一八年年初，我快要完成這本書時，和卓越職場研究院的研究主任艾德．弗勞海姆聊了一下，他跟我說了一段相當驚人的故事。

杜克大學心理學家與行為經濟學家丹．艾瑞利——暢銷書《誰說人是理性的！：消費高手與行銷達人都要懂的行為經濟學》（*Predictably Irrational*）、《不理性的力量：掌握工作、生活與愛情的行為經濟學》（*The Upside of Irrationality*）與《誰說人是誠實的！》（*The Honest Truth About Dishonesty*）的作者——聯絡了卓越職場研究院，他希望能分析卓越職場研究院過去二十年蒐集數據資料，特別是它每年給數千名勞工的問卷調查。

艾瑞利想將卓越職場研究院的數據對照股市波動畫成圖表，分析股市與不同方面的員工滿意度是否有關聯，看看是否有許多公司共同的規定或做法，與優秀的股市表現相關。如果他找到這方面的關聯，我們理論上就能用這些資訊挑選潛力股——找到有做「某件事」的公司，就能投資賺錢的股票。弗勞海姆表示，他們的目標是「找到職場文化和股票表現之間的關係與必勝法則」。

值得注意的是，艾瑞利確實有所發現：有一個元素和股票賺錢有關，但聽上去很奇怪……那個賺錢的關鍵元素，是安全。艾瑞利的分析結果顯示，員工一貫表示自己在工作時感到安全，這間公司的股票就會優於市場平均，有時甚至以百分之兩百的巨大差異勝過平均值。

所謂的安全，自然包括肢體安全，以製造業為例，不常發生受傷事件的公司，股票表現得較好。但是——這就是艾瑞利研究的精華了——安全還包括**心理安全**，股票賺錢的公司，通常會讓人覺得工作穩定、有安全感，員工不怕被解僱，也沒有人說什麼「我們是團隊，不是家庭」。除了上述兩種安全感之外，還有第三個與股票表現相關的要素，那就是員工「感覺自己受到包容與歡迎」。

我在兩年前踏上這場旅程，尋找職場為何出錯，為何如此多人感到不快樂。簡單的答案似乎是：半個世紀以來的股東資本主義讓公司虧待員工，員工的退休金被挪用、薪資被砍，還被視為可拋式零件。過去二十五年，隨著網路迅速發展，問題只有變得愈來愈嚴重。矽谷將不完美的概念拉伸到了極致，就是這個結果。

或許我們接下來會看到擺錘往回擺，希望這本書也稍微推了業界的擺錘一把。我發現其實有很多人反對股東資本主義與新契約，這些人像巴塔哥尼亞公司的伊方．修納，發覺即使在網路時代，舊時一些被視為常理的觀念依然成立，這令我十分驚喜。當然，這麼想的人仍然是少數，但他們確實存在；他們將成立新公司，打造新的資本主義。

希望這個群體的人數能繼續成長。

銘謝

寫《失控企業下的白老鼠》過程中最令人滿足的部分，就是認識這麼多有趣又有想法的人，每一個和我分享故事、願意讓我將故事寫在書裡的人，都是我的恩人。在大部分情況下，我是用化名保護當事人的隱私。我也必須感謝所有花時間將他們的研究解釋給我聽的科學家與研究者，包括格雷戈里・柏恩斯教授、蓋瑞・芮斯與莎莉・朗博，以及米切爾・庫西與伊莉莎白・霍羅威。

我在世楷總部花了一天時間和許多非常有趣的人談話，他們提供很多很多資訊給我，多到這本書都寫不完，只能淺淺帶過，實在很遺憾。儘管如此，我還是想寫下這些人的故事，還有一些人的故事沒有被寫進這本書，但他們獨特的觀點幫助我查資料、報導事實與寫作，使我受益良多。

我太太莎夏（Sasha）給了我精神支持與鼓勵，尤其是我窩在辦公室不出來的那幾個月。我女兒索妮雅（Sonya）幫我整理參考資料，這是她第一次在正式出版的書中留下一筆（但應該不是最後一次）。我兒子保羅（Paul）陪我去滑雪還有騎腳踏車上山，幫助我在我亟需的休息日恢復精神，也從不抱怨我沒有多多在功課方面幫忙。我老是出門，真是對不起，我會永遠記得你們給我的愛與支持。

好編輯就是作家的伯樂，我在寫這本書和《獨角獸與牠的產地》時，都有幸和我遇過最棒的編輯合作，非常感謝聰明絕頂、體貼、富有同情心又慷慨大方的保羅・惠特列區（Paul Whitlatch）。能和樺榭圖書集團（Hachette Book Group）的大家庭合作，我真的很開心，感謝瑪羅・狄普雷塔（Mauro DiPreta）、蜜雪兒・艾葉利（Michelle Aielli）、蘿倫・賀莫（Lauren Hummel）、莎拉・法特（Sarah Falter）、麥克・巴爾司（Michael Barrs）、歐黛特・富萊明（Odette Fleming）與設計封面的美編主任曼蒂・凱因（Mandy Kain）。企劃編輯梅蘭妮・歌德（Melanie Gold）與校對員洛莉・帕希麥迪（Lori Paximadis）也為書稿貢獻了心血。再次感謝艾莉莎・里夫林（Elisa Rivlin）一針見血的法律評論，以及她對原稿的好建議。是蓋瑞・摩根（Gary Morgen）主導樺榭的科技團隊，開發新的作者網站，並在來訪波士頓時和我結為好友。大衛・蘭姆（David Lamb）願意當我的封面模特，我實在感激涕零。我還要感謝幫忙整理參考資料的愛米莉・唐納森（Emily Donaldson）。

最後，我想表達我對經紀人——無人能及的克莉絲蒂・弗萊徹（Christy Fletcher），還有弗萊徹出版經紀公司（Fletcher & Co.）的莎拉・富恩泰（Sarah Fuentes）與艾琳・麥法登（Erin McFadden）——的感激與友愛。值得一提的是，我雖然在寫一本職場失調與勞工不快樂的書，和我相處的同事卻是最好、最友善的一群人，也是我的好朋友。我由衷感謝你們所有人。

失控企業下的白老鼠：勞工如何落入血汗低薪的陷阱？／丹．萊昂斯（Dan Lyons）著；朱崇旻譯. – 初版. – 臺北市：時報文化，2020.1　| 336面；14.8×21公分. –（People系列；437）| 譯自：Lab rats: how Silicon Valley made work miserable for the rest of us | ISBN 978-957-13-7960-9（平裝）| 1.組織文化 2.組織行為 | 494.2 | 108015070

People系列437

失控企業下的白老鼠：勞工如何落入血汗低薪的陷阱？

Lab Rats: How Silicon Valley Made Work Miserable for the Rest of Us

作者：丹．萊昂斯 Dan Lyons｜**譯者**：朱崇旻｜**主編**：陳家仁｜**企劃編輯**：李雅蓁｜**特約編輯**：劉素芬｜**美術設計**：陳恩安｜**企劃副理**：陳秋雯｜**第一編輯部總監**：蘇清霖｜**董事長**：趙政岷｜**出版者**：時報文化出版企業股份有限公司／10803台北市和平西路三段240號4樓／**發行專線**：02-2306-6842／**讀者服務專線**：0800-231-705；02-2304-7103／**讀者服務傳真**：02-2304-6858／**郵撥**：1934-4724 時報文化出版公司／**信箱**：10899台北華江橋郵局第99信箱｜**時報悅讀網**：www.readingtimes.com.tw｜**電子郵箱**：new@readingtimes.com.tw｜**法律顧問**：理律法律事務所／陳長文律師、李念祖律師｜**印刷**：勁達印刷有限公司｜**初版一刷**：2020年1月10日｜**定價**：新台幣380元

時報文化出版公司成立於一九七五年，並於一九九九年股票上櫃公開發行，於二〇〇八年脫離中時集團非 屬旺中，以「尊重智慧與創意的文化事業」為信念。

ISBN 978-957-13-7960-9
Printed in Taiwan.